First Stage シリーズ

# 土質力学概論

岡二三生・白土博通・細田　尚［監修］
垣谷敦美・神谷政人・川窪秀樹・竹内一生・田中良典・中野　毅
西田秀行・橋本基宏・福山和夫・桝見　謙・森本浩行・山本竜哉［編修］

実教出版

# 目次

## 第6章 土の強さ



## 第7章 土圧



## 第8章 地盤の支持力

（本書は，高等学校用教科書を底本として制作したものです。）

土質力学の基礎

# 「土質力学の基礎」を学ぶにあたって

## 1 日本列島と地震

日本列島は，図1に示すように，プレートとよばれる地球をおおっている地殻が，いくつか交わった上につくられた世界でも例のない列島である。

およそ5億4000万年～2億5000万年まえの古生代とよばれるころ，日本付近はアジア大陸(ユーラシア・北米プレート)の端で，大陸から運ばれてきた砂や泥が堆積していた。そこへ，海洋プレート(太平洋・フィリピン海プレート)の上に堆積したサンゴなどからなる石灰岩や，放散虫からなるチャートとよばれる岩石が長い時間をかけて移動してきた。海洋プレートは，アジア大陸の下へ潜り込み，これが海溝となる。この潜り込みのとき，大陸と海洋プレートの堆積物が，混合しながらアジア大陸のプレートに押しつけられ形成されたのが現在の日本列島といわれている。プレートの運動は，現在も続いているため，日本列島は日本海側から太平洋側に行くほど新しい岩盤でできている。

プレートは，地球上に十数枚あり，それぞれが独自の動きをしている。このプレートどうしが接する境界部では，プレートの潜り込みの作用による**プレート境界型**(海溝型)**地震**が生じる。また，内陸部では，内陸のプレートのひずみが集中的に作用し，地盤がずれて起こる**直下型**(断層型)**地震**が生じる。この地盤がずれた部分を**活断層**とよんでいる。

このように，日本列島は，プレートの境界でも内陸部でも地震が生じやすく，世界で発生するマグニチュード6以上の地震のうち約2割が日本で発生している。また，日本で人間の体に感じる有感地震は，1年間に1000～2000回程度発生している。日本列島は，つねにこの地震による災害の危険にさらされていることを忘れてはいけない。

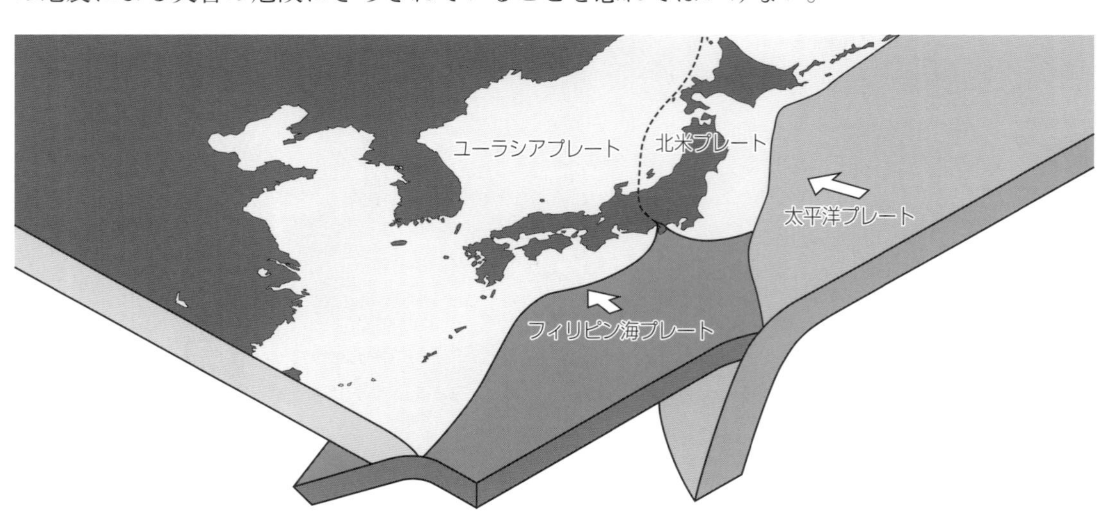


図1　プレートの上に形成された日本列島

## 2 土質力学とは

地球の大地の表層部に**地盤**がある。この地盤はおもに土でできている。地盤は，人間をはじめさまざまな動植物が活動をしているところである。人間にとっては，農業生産を行い，構造物を支えるなどの人間生活に直接かかわるものである。

構造物には，道路・鉄道・橋・トンネル・ダム・空港・港湾・岸壁などいろいろなものがあり，いずれも人々が安全・安心・快適な生活を送るために，災害から国土を守り，経済や産業を支えるなど，社会の基盤をなしているものである。これらの構造物は，地盤の上部または内部につくられている。すなわち，地盤が構造物を支えているのである。図２は，瀬戸内しまなみ街道に架かる日本で最長の斜張橋，多々羅大橋である。この橋の主塔や橋脚・橋台には，橋の重さや車などの荷重が集中して作用している。もし，主塔が傾いたり沈下したりすれば，橋としての機能を果たさなくなることは容易に想像できる。つまり，橋などの構造物が，その機能を安全に果たすことができるかどうかは，その構造物の基礎を支える地盤がしっかりしているかどうかに左右されるのである。

このように，構造物の設計や施工にあたっては，まず，その構造物を支える地盤の土がどの程度の強さをもっているのか，構造物の荷重が作用した場合に地盤沈下や変形があるかどうかなどを事前に把握しなければならない。このような地盤の土の性質について学ぶのが**土質力学**である。

工事中の事故や自然災害による地盤に関連する被害は，図３のように地盤沈下，土留めの倒壊，地すべり，液状化などのように人間の生活にとって致命的となる被害が多い。土質力学は，これらの被害から人々の命や財産を守るためのさまざまな対策の基礎となる。

図２　多々羅大橋

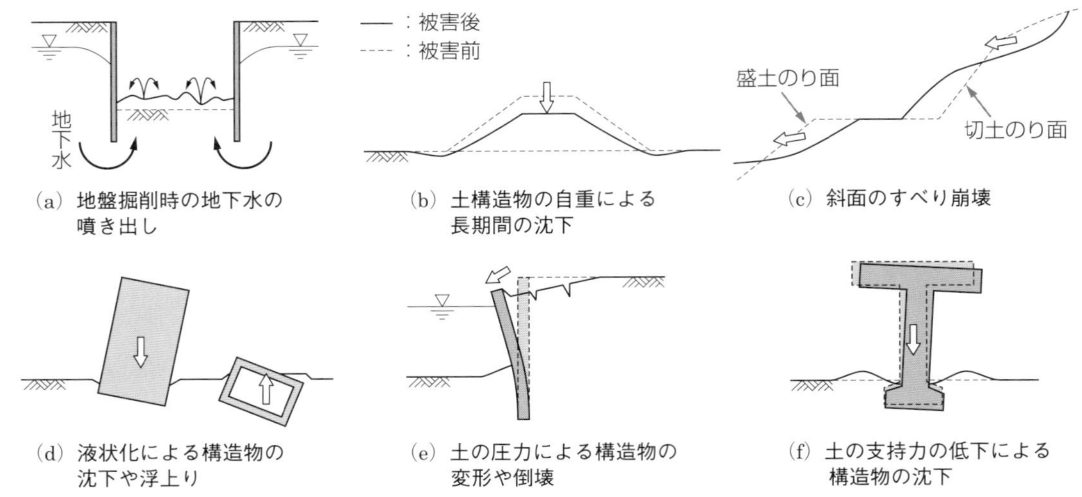

(a) 地盤掘削時の地下水の噴き出し
(b) 土構造物の自重による長期間の沈下
(c) 斜面のすべり崩壊
(d) 液状化による構造物の沈下や浮上り
(e) 土の圧力による構造物の変形や倒壊
(f) 土の支持力の低下による構造物の沈下

**図３　地盤に関連するおもな被害の種類**

土質力学は，数学や力学，水理学などの知識を活用して，土の力学についての長い間の研究の成果や経験に基づいて知識や情報を集めてつくられている。

この土質力学の学問の分野を，さらに設計や施工の実際面への応用や実務に重きをおいて取り扱う場合を**地盤工学**とよんでいる。

また，土質力学と密接に関連した分野に**地質学**や**岩盤力学**がある。地質学は，地盤をその歴史的ななりたちや構造・断層などを広い立場で取り扱う学問分野である。岩盤力学は，岩石で構成されている岩盤の力学関係や，岩盤に関する未知の諸問題を研究する学問分野である。土木工事が大規模になると，土質力学の知識に加えて地質学や岩盤力学の知識を活用しなければならない。これらの学問分野の関係を模式的に示すと図４のように表すことができる。

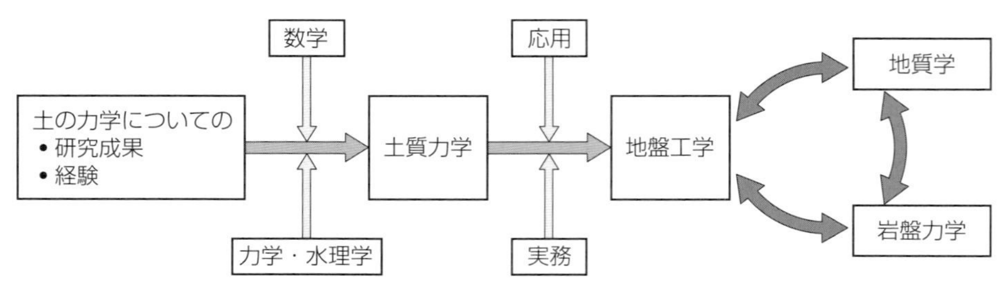


**図４　土質力学のなりたち**

## 3　設計や施工における土の問題

土質力学で学ぶ内容にはいろいろなものがある。土木構造物の設計や施工において，取り扱う土の問題を大きく分けると，おもに次の三つになる。

- ◆**構造物を支える**――――地盤としての問題
- ◆**土で構造物をつくる**――材料としての問題
- ◆**土を掘る，土を留める**――安定の問題

本書では，これらの問題に技術者として適切に対処できるように，土の性質や特徴は，現場における土質調査と，現場から採取された土の土質試験によって求め，設計や計算の方法などは，基礎的な内容を中心に学んでいく。

このように，ここで得られた適切なデータと土質力学の知識から，これらの土の問題が解決できる。

なお，土質試験については「土木実習」で詳しく学ぶ。

## 4 土の問題におけるコンピュータの活用

土木分野におけるコンピュータの活用は，1960 年代に本格的にはじまったといわれている。土木分野の中でも，とくに土質力学の分野におけるコンピュータの活用は盛んで，活用範囲も広く，そのおもなものには次のようなものがある。

### ◆土質調査や土質試験における活用

土質調査や土質試験において，それらの結果の記録から計算処理まで，コンピュータの利用がはかられている。また，時間や人手のかかる土質試験については，試験そのものもコンピュータの支援による自動化が進められている。

### ◆設計計算における活用

本書での土の問題の計算は，電子式卓上計算機(電卓)で対応できる基礎的な学習となっているが，実際に複雑な計算を行う場合は，コンピュータを用いて行う。たとえば，第 9 章で学ぶ斜面の安定計算では，電卓を用いた計算例を示しているが，実務では，コンピュータの利用がはかられている。

### ◆施工における活用

重要な土木構造物などの施工では，現場に設置された応力や変形などを計測する機器で地盤や構造物の挙動を計測し，コンピュータによって設計した内容や予測した挙動と比較して，設計や施工を修正しながら工事が進められる。このようなコンピュータの利用をはかりながら施工を進めることを，一般に情報化施工とよんでいる。

## 100年以上，人間生活を守るオランダ堰堤

山間部の渓流における地すべりや山崩れ，岩石の風化，降雨による浸食を防止する目的で築造されるダムを砂防ダムとよぶ。流下する土砂量を減らすとともに，転石を止め土石流を防ぐなど，流下する土砂の貯留および調節を行うダムである。

図5は，土木学会選奨土木遺産に認定されている滋賀県大津市上田上桐生町の草津川最上流につくられた砂防ダム「オランダ堰堤」である。オランダ堰堤は，高さ7 m，長さ34 mの石積みのアーチ形が特徴で1889年(明治22年)に完成した日本で最も古い石積みの砂防ダムである。

オランダ堰堤のつくられた草津川は，田上山一帯に流域をもち，大津市東部から草津市を経由して琵琶湖に流入している。田上山一帯は，奈良時代以降寺院などの建立にあたり，用材供給のため幾度となく伐採が繰り返されてきた。その結果，田上山は荒廃し，多量の土砂が流出して幾多の土砂災害を招いてきた。明治政府は，淀川水源地の砂防事業の重要性を認識し，1872年(明治5年)にオランダから6人の土木技術者を招き，そのなかのヨハネス・デ・レーケに調査を依頼した。デ・レーケは，淀川水源地の調査を精力的にこなし，淀川の治水には，まず，上流部水源地において砂防工事を行うことを力説し，みずからオランダ式工法を参考として砂防工法を考案，指導した。オランダ堰堤は，そのデ・レーケの指導のもと，内務省技師田邊義三郎が設計したとされ，建設から100年以上たった今でも，現在の人々の生活を守る砂防施設としての効果をじゅうぶんに発揮している重要な土木構造物である。

図5　オランダ堰堤

# 土の生成と地盤調査

伊豆大島の地層大切断面

橋やダムなどの構造物を設計・施工するさい，それらをしっかりと支えられる地盤が必要である。地盤には，構造物を支えられる硬強な岩盤から，構造物が沈下する軟弱な地盤まで多種多様である。また，地盤の状態を知るには，各地層の成因や生成年代から，これまで蓄えられた知識によってその性質を知るほか，直接現場から地盤の一部を取り出して行う調査などがある。このようにして，構造物の基礎である地盤がどのような状態であるかを知ることがたいせつである。

- 地盤は，どのような過程を経て生成されてきたのだろうか。
- 地盤や土の性質を知るための調査や試験には，どのようなものがあるのだろうか。

# 1 土の生成

人間が生活を営み，その生活に必要な土木構造物を支えている地球の最表層部は，**地殻**❶とよばれ，5〜60 km の厚さの岩石質でできた層である。地殻は，長い時間の経過とともに，地球の活動にともなう巨大な力を受けて変形したり変質したりしており，さまざまな変化や状態を示している。

❶earth's crust

## 1 岩石の風化作用

### 1 岩石

地殻は，ほぼ図 1-1 に示す構造であると考えられており，地殻の上層部は主として花こう岩質，下層部は玄武岩質の岩石で構成されている。

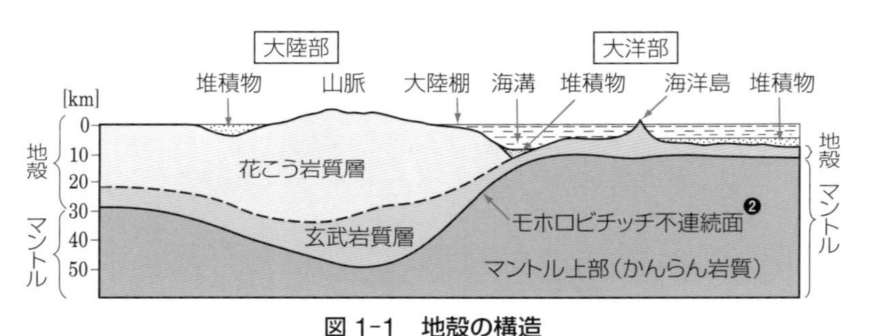


図 1-1　地殻の構造

❷モホロビチッチ不連続面は，地表から数 km から数十 km のところにあり，地震波の速度が急に変わる面である。1905 年に発見され，発見者の名前がつけられている。

岩石は，多くの鉱物❸からできており，この岩石を構成する鉱物を**造岩鉱物**❹という。

岩石を成因によって分類すると，表 1-1 のように，火成岩・堆積岩および変成岩に大別される。

❸鉱物とは，地殻に存在する物理的，化学的に均一で一定の性質をもつ固体物質であり，地球上には約 2000 種類あるといわれている。

❹rock-forming mineral；
おもな造岩鉱物には，石英・長石類・かんらん石類・輝石類・角せん石類・雲母類などがある。

表 1-1　岩石の種類

| 成因による岩石の分類 | | おもな岩石の種類 |
|---|---|---|
| 火成岩 | 火山岩 | 安山岩・玄武岩など |
| | 深成岩 | 花こう岩・せん緑岩など |
| | 半深成岩 | ひん岩・輝緑岩など |
| 堆積岩 | | 泥岩・頁岩・砂岩・凝灰岩・石灰岩など |
| 変成岩 | | 大理石・片麻岩・千枚岩など |

**火成岩**❺は，地球内部にある高温で液状の岩石物質であるマグマが上昇して冷却され固まってできた岩石である。マグマが地表あるい

❺igneous rock

はその近くで急速に固まったものを火山岩，地下深部でゆっくりと固まったものを深成岩，それらの中間の組織をもつものを半深成岩と分類している。固まる過程では，いろいろな鉱物が次々に結晶として表れるので，深成岩のようにゆっくりと時間をかけて固まった岩石ほど，その結晶が大きくはっきりとみてとれる。

**堆積岩**❶は，地表にある岩石などから風化作用によって細分化されて生じた粒子が，重力や流水などの作用によって運搬され機械的または化学的な沈殿作用によって海底や河底などに堆積し，長い年月をかけて固結して生じた岩石である。

❶sedimentary rock

**変成岩**❷は，火成岩や堆積岩が，地殻の変動によって大きな圧力を受けたり，マグマの貫入によって高熱を受けたりするなどの作用により岩石組織が変化し，火成岩や堆積岩とは異なる別種の岩石となったものである。

❷metamorphic rock

このうち量的には火成岩が最も多く，地殻の約95%を占めると推定されるが，地表においては，堆積岩が広い地域に分布している。

### 2 風化作用

岩石は，水や空気などの影響によって，しだいに破砕したり変質したりする。このような作用を**風化作用**❸といい，物理的風化作用・化学的風化作用および生物的要因による風化作用に大別される。物理的風化作用は，周期的な温度変化や，岩石表面のすき間にある水の凍結・融解の繰返しなどによって岩石が破砕し，細分化していく作用である。化学的風化作用は，岩石中の鉄分が酸化したり，鉱物と水が接触して化学反応を生じ加水分解したり，炭酸ガスを含んだ雨水などが鉱物を溶解することで，岩石の化学組成・鉱物組成に変化をもたらし，分解していく作用である。生物的要因による風化作用は，植物による岩石の分解過程が主である。植物は，岩石の割れ目に根をはり，根の成長によって岩石を破壊する。また，植物の根などが腐敗して分解し，生成される炭酸・有機酸の作用によって，岩石の溶解作用を助け，風化を促進する。

❸weathering

## 2 地盤の生成

土質力学の分野では，岩石が風化作用を受け細かく分解された粒子が堆積し未固結のものを，**土**❹とよんでいる。土には，岩石の風化

❹soil

によって生じたもの以外に，火山灰や，植物などが腐食し堆積してできた**有機質土**[1]とよばれるものもある。

土は，そのままの位置に堆積している**定積土**[2]と，風や流水その他の物理的作用によって運ばれて堆積した**運積土**[3]に分けられる。

また，定積土のうち，岩石が風化してできた土を**残積土**[4]，植物が枯死し，堆積してできた土を**植積土**[5]という。さらに，この植積土のうち，植物組織がまだ残っているものを**泥炭**[6]，植物組織の残っていないものを**黒泥**[7]という。これらの土を地質的成因によって分類すれば，表1-2のようになる。

❶organic soil
❷sedentary soil
❸transported soil
❹residual soil
❺humic soil
❻peat
❼muck

**表1-2　地質的成因による土の分類**

| 区分 | | 成因と生成された土 | | |
|---|---|---|---|---|
| 岩石↓土粒子 | 定積土 | 風化作用 | | 残積土(まさ土) |
| | 運積土 | 運搬作用↓堆積作用 | 重力 | 崩積土 |
| | | | 流水 | 河成堆積土，湖成堆積土，海成堆積土 |
| | | | 風力 | 風積土 |
| | | | 火山 | 火山性堆積土(しらす・関東ローム) |
| | | | 氷河 | 氷積土 |
| 植物↓土 | 定積土 | 植物腐朽(ふきゅう)作用↓堆積作用 | | 植積土(泥炭・黒泥) |

一般的に土が堆積するさいには，同じ種類の土が層状をなして堆積する。その一つひとつの層を土層とよぶ。

## 3　生成された土層の特徴

土層は，堆積した地質年代によって，**沖積層**[8]と**洪積層**[9]に分けられる。表1-3は，地質年代の区分を示したものである。

❽alluvial deposit
❾diluvial deposit

**表1-3　地質年代の区分**

| 代 | 紀 | 世 | 絶対年代[10](万年) |
|---|---|---|---|
| 新生代 | 第四紀 | 完新世 | |
| | | | 1 |
| | | 更新世 | |
| | | | 260 |
| | 第三紀 | | |
| | | | 6600 |
| 中世代 | | | |
| | | | 25100 |
| 古生代 | | | |
| | | | 54200 |
| 先カンブリア時代 | | | |

(2011年版「理科年表」によって作成)

❿絶対年代とは，現代からさかのぼったその年代までの年数。

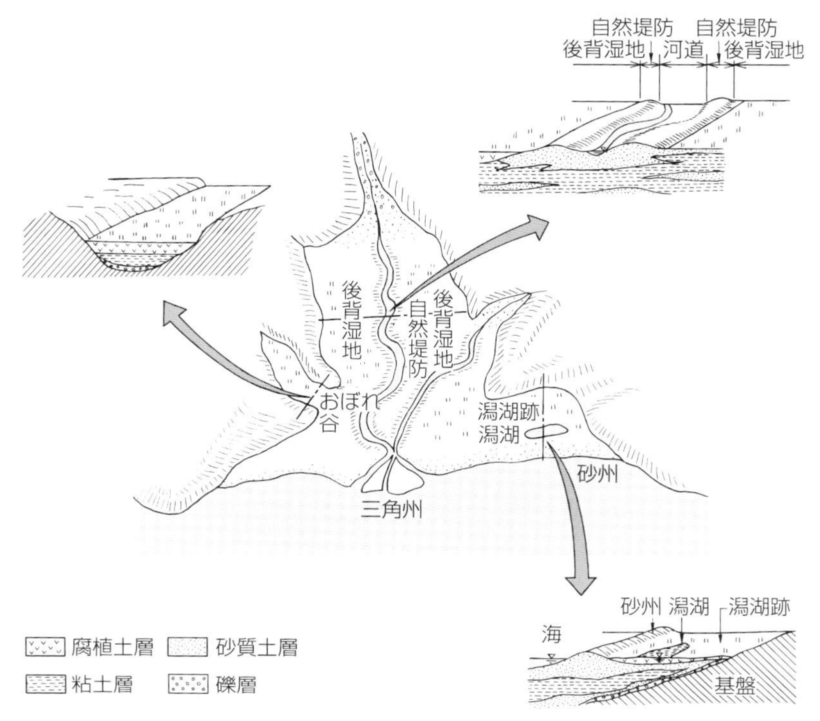


**図 1-2　沖積層と形成された地形の模式図**

沖積層は，第四紀完新世の時代に堆積して生成された土層である。これより古い時代の第四紀更新世に堆積した土層を洪積層という。

沖積層は堆積時代が新しいため，固結しておらず，一般に軟弱な土層である。わが国の平野部の大部分は沖積層であり，地域によっては火山性堆積土でおおわれている。とくに，図 1-2 に示すような緩流河川の河口に存在する三角州やおぼれ谷，後背湿地などに形成された軟弱な沖積粘土層は，破壊や沈下など土木工事上問題となることが多い。また，自然堤防や海岸の砂州などに形成された砂質の土層は，締まりかたがゆるい状態で堆積しているため，地震などにより，地下水面下の砂が**液状化**[1]することがある。

[1] 第 6 章(p. 108)参照。

洪積層は，沖積層に比べて一般に強く固結しており，台地や丘陵地に広く分布している。また，この土層は，沖積層の下に存在していることも多い。

わが国では，更新世の時代に，火山活動がさかんであったため，火山噴出物に由来する堆積土が多く，北海道・東北・関東および九州地方に広く分布している。

## 日本の特異な性状を示す土

**関東ローム**(*Kanto* loam)は，関東地方の台地および丘陵地の上面に厚く堆積している火山灰質粘性土である。これは，関東周辺の富士山・浅間山など更新世に活動した火山から吹き上げられた火山灰が，偏西風によって運ばれて堆積したものである。この火山灰の鉱物粒子は化学的風化を受けやすいものが多く，長い年月の間に粘土化している。この土は，こね返されると著しく軟弱化するなど，土木工事上問題となることが多い。

**しらす**(***Shirasu***)は，姶良(あいら)火山などの鹿児島湾を中心とする，まわりの火山からの火山噴出物のうち，破砕したガラス片状の粒子や軽石が，鹿児島県の大部分と宮崎県の一部に厚く堆積したものであり，軽石混じりの白砂からできており，台地を形成している。この台地は 30 m 以上の鉛直に切り立った崖(がけ)になっていることがある。しらす地帯は，豪雨時や地震時に斜面が崩壊するなどの災害が起きやすい。なお，しらすは東北地方の一部にも分布している。

**泥炭**(peat)は，低温で多湿なところで枯死した植物が，未分解のまま堆積してできた有機質土である。この土は，粘土よりも圧縮性がひじょうに大きいなど，盛土工事における大きな沈下やすべり破壊を生じることなどで問題となっている。泥炭層の大規模なものは北海道に分布するが，本州でも，かつて沼や潟であったところに生成し，分布地域は狭くてもあちこちでみられ，土木工事上問題となることが多い。

**まさ土**(decomposed weathered granite)は，花こう岩地帯にみられる残積土で，風化の程度によって岩石に近いものから細粒土まで広範囲のものを含んでおり，六甲山系以西の瀬戸内海沿岸地方に広く分布している。この土は，盛土や埋立てなどに良質の材料土として用いられるが，山地部では大雨のときなどに崩壊しやすい。

以上のように，地域的に特異な性状を示す土が各地に分布しているので，土木工事においてはあらかじめ土質調査や土質試験を行い，地盤を構成する土の性質をじゅうぶんつかんでおくことがたいせつである。

# 2　土の調査と試験

これまでに学んだように，地盤は多種多様な土でできており，同じ鉱物質からなりたつ土でも，生成後の時間や置かれている状況により，さまざまな性質を示す。また，地域や地形により特異な性状を示す土も多い。そのため，工事を計画し，構造物の設計・施工を安全で経済的に行うためには，予定している現地の地盤や，材料として用いようとしている土について，その性質や状態などを，そのつど正確に調べなければならない。

## 1　工事と調査

土木工事において，あらかじめ現地の地盤を調査したり，材料土としての適否を調べ，土に関する工学的性質を求めるための全般的な調査を**土質調査**❶という。この調査の実施にあたっては，工事の規模や重要性を考え，現地の状況によく合致した調査計画をたて，さらに，目的に適合した調査方法をとることが必要である。

❶soil exploration

土質調査は，概略的な設計に用いるための予備調査と，詳細な設計や施工の計画に用いるための本調査との段階に分けて行うことが多い。工事の流れにおいて実施する土質調査の内容を図1-3に示す。

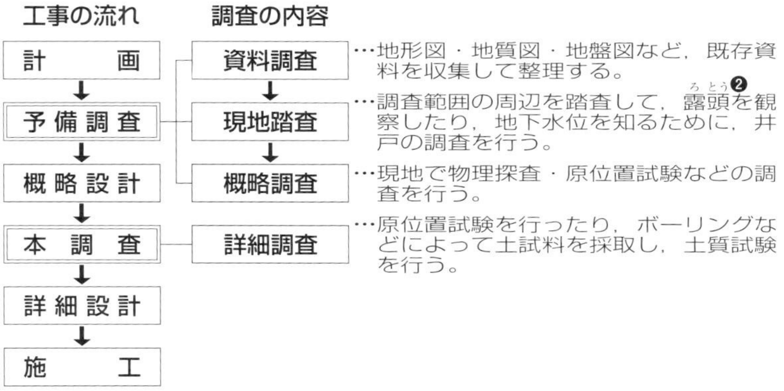

| 工事の流れ | 調査の内容 | |
|---|---|---|
| 計　画 | 資料調査 | …地形図・地質図・地盤図など，既存資料を収集して整理する。 |
| ↓ | ↓ | |
| 予備調査 | 現地踏査 | …調査範囲の周辺を踏査して，露頭(ろとう)❷を観察したり，地下水位を知るために，井戸の調査を行う。 |
| ↓ | ↓ | |
| 概略設計 | 概略調査 | …現地で物理探査・原位置試験などの調査を行う。 |
| ↓ | | |
| 本調査 | 詳細調査 | …原位置試験を行ったり，ボーリングなどによって土試料を採取し，土質試験を行う。 |
| ↓ | | |
| 詳細設計 | | |
| ↓ | | |
| 施　工 | | |

図1-3　工事の流れにおいて実施される土質調査の内容

❷地層や岩石が露出していること。

調査方法が決定すれば，次に調査する範囲と調査地点の間隔を決める。施工地域が広い面積にわたる建物・橋・ダムなどでは，調査地点を網目状に選定し，細長い路線にわたる道路・鉄道・堤防などでは，計画路線の中心線に沿って調査地点を選定する。

# 2 土質調査

この調査には，現地で直接地盤の性質について調べる**原位置試験**[1]と，土の工学的性質を詳細に調べるために現地で土試料を採取し，室内で調べる**土質試験**[2]とがある。これらの調査の内容は，工事の種類や規模，施工場所の地質や土質および地下水位などの状況を考えて決める必要がある。

❶in-situ test

❷soil test

## 1 サウンディング

原位置試験の中で，概略調査などでよく用いられる調査に**サウンディング**[3]がある。これは，ボーリング孔を利用したり，あるいは直接地表から，ロッド先端に取りつけた抵抗体を地中に挿入し，貫入や回転引抜きなどを行うときの抵抗値から，原位置の土層の状態やその力学的性質を推定する調査である。とくに，砂地盤やひじょうに軟弱な粘土地盤では，現地の土の自然堆積状態を乱さずに土試料を採取することは容易ではなく，室内試験でその力学的な性質を求めることは少なく，サウンディングによる調査がよく利用される。サウンディングは，操作上から静的なものと，動的なものとがあり，一般に静的なものは粘性土地盤に，動的なものは砂質土地盤に適用される。サウンディングの方法の一例を表 1-4 に示す。

❸sounding

**表 1-4　サウンディングの方法の一例**

| 力の加え方 | | 代表的な装置 | 測定法 | 適用土質 |
|---|---|---|---|---|
| 力の区別 | 加圧方法 | | | |
| 動的 | 打込み | 標準貫入試験機（図 1-4）〔標準貫入試験用サンプラー〕 | 63.5 kg ± 0.5 kg のハンマーを高さ 76 cm ± 1 cm から落下させ，サンプラーを 30 cm 貫入させるのに要する打撃回数（$N$ 値）をはかる。〔サンプラー内の土試料の採取〕 | 巨石・粗石以外のほとんどの土質 |
| 静的 | 圧入 | オランダ式二重管コーン貫入試験機（図 1-5）〔コーン〕 | 押込み速さ 1 cm/s 程度で挿入し，深さ 25 cm ごとの貫入抵抗［kN］をはかる。貫入抵抗を底面積で割った値をコーン指数［kN/m²］とする。 | やわらかな粘性土など |
| 静的 | 回転 | スウェーデン式サウンディング試験機（図 1-6）〔スクリューポイント〕 | (1)　質量が 5，15，25，50，75，100 kg となるようにおもりを段階的に載荷し，各荷重ごとの沈下量を記録する。(2)　質量 100 kg のおもりを載荷しておいて，ハンドルを回転し，ハンドル半回転を 1 回として貫入深さ 1 m あたりの回転数を求める。 | 巨石・粗石，および密な砂礫以外のほとんどの土質 |

注．代表的な装置の欄の〔　〕内に，装置の先端につける抵抗体を示す。

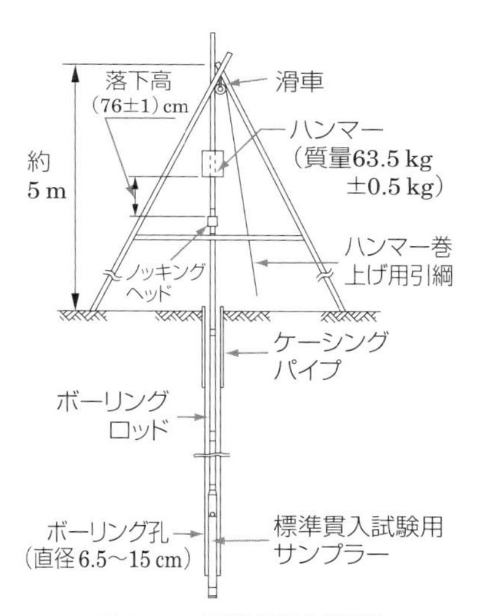


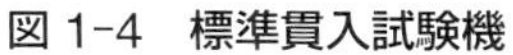

図 1-4　標準貫入試験機

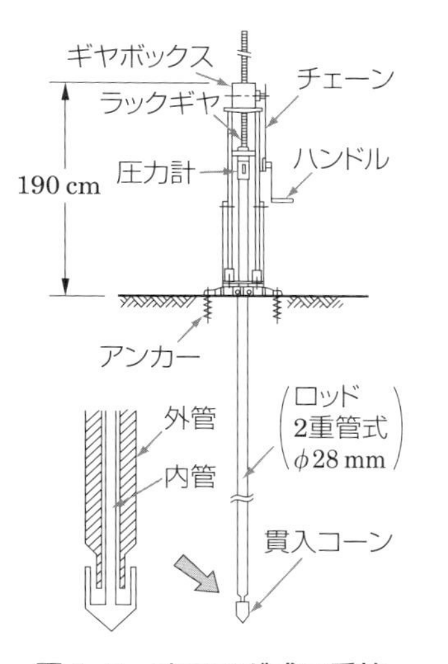


図 1-5　オランダ式二重管コーン貫入試験機

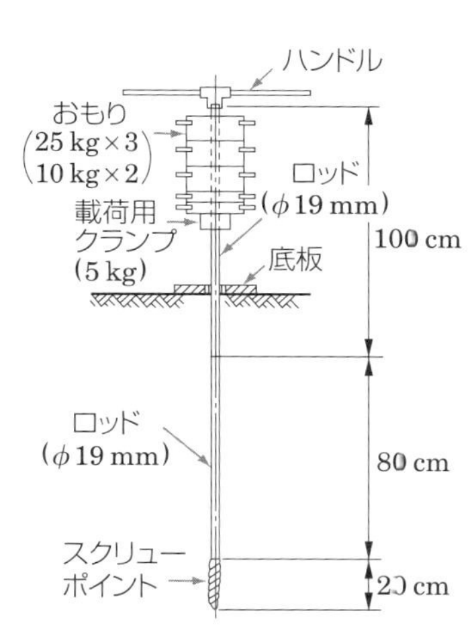


図 1-6　スウェーデン式サウンディング試験機

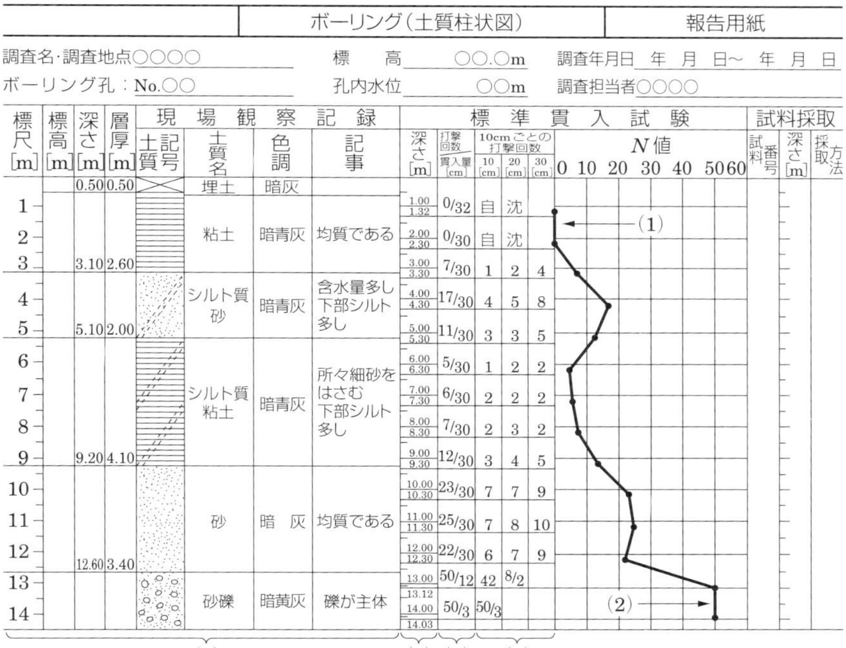

| | ボーリング(土質柱状図) | 報告用紙 |
|---|---|---|

調査名·調査地点○○○○　標　高 ○○.○m　調査年月日 年 月 日～ 年 月 日

ボーリング孔：No.○○　孔内水位 ○○m　調査担当者○○○○

| 標尺 [m] | 標高 [m] | 深さ [m] | 層厚 [m] | 現場観察記録 土質記号 | 土質名 | 色調 | 記事 | 標準貫入試験 深さ [m] | 打撃回数/貫入量 [cm] | 10cmごとの打撃回数 10 [cm] | 20 [cm] | 30 [cm] | N値 | 試料採取 試料番号 | 深さ [m] | 採取方法 |
|---|---|---|---|---|---|---|---|---|---|---|---|---|---|---|---|---|
| | | 0.50 | 0.50 | | 埋土 | 暗灰 | | | | | | | | | | |
| 1 | | | | | 粘土 | 暗青灰 | 均質である | 1.00 / 1.32 | 0/32 | 自 | 沈 | | | | | |
| 2 | | | | | | | | 2.00 / 2.30 | 0/30 | 自 | 沈 | | | | | |
| 3 | | 3.10 | 2.60 | | | | | 3.00 / 3.30 | 7/30 | 1 | 2 | 4 | | | | |
| 4 | | | | | シルト質砂 | 暗青灰 | 含水量多し 下部シルト多し | 4.00 / 4.30 | 17/30 | 4 | 5 | 8 | | | | |
| 5 | | 5.10 | 2.00 | | | | | 5.00 / 5.30 | 11/30 | 3 | 3 | 5 | | | | |
| 6 | | | | | シルト質粘土 | 暗青灰 | 所々細砂をはさむ 下部シルト多し | 6.00 / 6.30 | 5/30 | 1 | 2 | 2 | | | | |
| 7 | | | | | | | | 7.00 / 7.30 | 6/30 | 2 | 2 | 2 | | | | |
| 8 | | | | | | | | 8.00 / 8.30 | 7/30 | 2 | 3 | 2 | | | | |
| 9 | | 9.20 | 4.10 | | | | | 9.00 / 9.30 | 12/30 | 3 | 4 | 5 | | | | |
| 10 | | | | | 砂 | 暗　灰 | 均質である | 10.00 / 10.30 | 23/30 | 7 | 7 | 9 | | | | |
| 11 | | | | | | | | 11.00 / 11.30 | 25/30 | 7 | 8 | 10 | | | | |
| 12 | | 12.60 | 3.40 | | | | | 12.00 / 12.30 | 22/30 | 6 | 7 | 9 | | | | |
| 13 | | | | | 砂礫 | 暗黄灰 | 礫が主体 | 13.00 / 13.12 | 50/12 | 42 | 8/2 | | | | | |
| 14 | | | | | | | | 14.00 / 14.03 | 50/3 | 50/3 | | | | | | |

(N値: 0 10 20 30 40 50 60)　(1)　(2)

(3)　(4)　(5)　(6)

(1)　$N$ 値が 0 とは，ロッドの重量またはハンマーとロッドの重量だけで，30 cm 以上貫入してしまうことを意味し，ひじょうに軟弱であることがわかる。

(2)　$N$ 値が 50 以上になれば測定をやめ，50 としておく。重い構造物を杭で支える場合，杭の先端はこの土層まで達するように打つ。

(3)　担当の地質調査技士が，サンプラーを開けてなかの土を観察し記入する。

(4)　$N$ 値の測定は，ふつう深さ 1 m ごとに行われる。そのうち，はじめの貫入量 30 cm について測定する。

(5)　この打撃回数が $N$ 値である。

(6)　貫入量は，ふつう 10 cm ごとの打撃回数を記録する。

図 1-7　土質柱状図の一例

サウンディングのうち，**標準貫入試験**[1]は，ボーリングと併用して実施され，地盤の深いところの土層の硬軟や締まりぐあいなどの相対的な強さと，乱した状態の土試料が同時に得られることから，いろいろな調査に広く用いられている。また，標準貫入試験における打撃回数を $N$ **値**[2]といい，この $N$ 値によって，支持層の位置や支持力の判定ができ，砂地盤の場合には，内部摩擦角 $\phi$[3]の推定にも利用されている。標準貫入試験の結果は，図 1-7 の報告用紙に**土質柱状図**[4]として示される。この図から，土木工事に必要な地盤に関するいろいろな情報を読み取ることができる。そのため，ほとんどの土木工事では，この調査が事前に行われる。

[1] standard penetration test

[2] SPT $N$-value, SPT blow count

[3] 第 6 章(p. 235)参照。

[4] soil boring log, soil drilling log

## 2 土試料の採取

土質試験のための土試料を，現地で採取することを**サンプリング**[5]という。この方法は，その目的に応じていろいろ考案されている。

[5] sampling

たとえば，土を埋立てや盛土などの工事用材料土として用いるのであれば，その性質を調べるための試験や材料土としての適否を判定するための試験に用いる土試料は，乱した状態のものでよい。しかし，構造物の基礎となる地盤の状態を判断する場合や，その強さや圧縮性などの力学的性質を調べる場合は，原地盤と同じ状態の土試料であることが必要なため，試験に用いる土試料は，乱さない状態でなければならない。

乱した土試料の採取には，その土試料が比較的やわらかく，地表

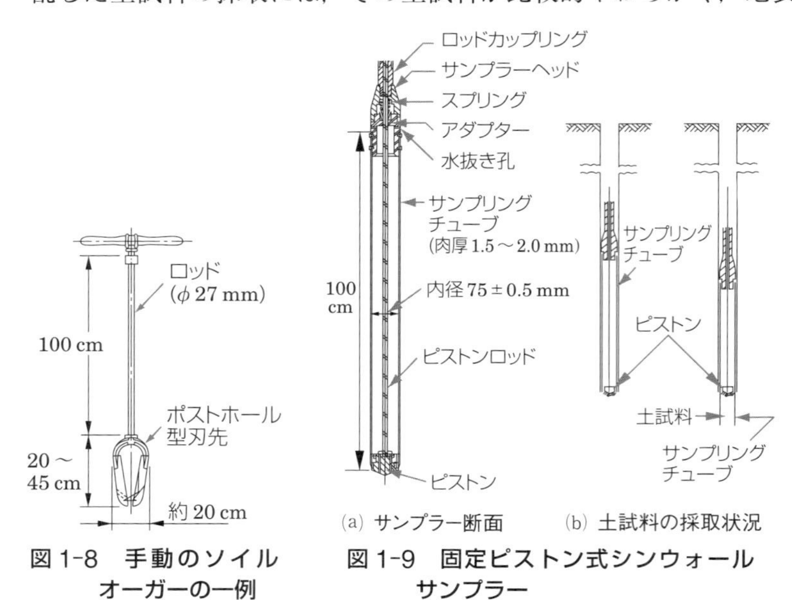


図 1-8　手動のソイルオーガーの一例

図 1-9　固定ピストン式シンウォールサンプラー

から浅いところにある場合は，図 1-8 に示すような手動のソイルオーガーが用いられる。土試料が深いところにあり，標準貫入試験が行われる場合は，同時に乱した土試料が採取される。

粘性土の乱さない土試料の採取については，いろいろな器械が考案されているが，やわらかい粘性土では図 1-9 のような固定ピストン式シンウォールサンプラーを用いることが多い❶。また，地表から浅いところにある乱さない土試料を採取する場合は，ブロック状に採取する。

これらに対し，砂などの未固結土の乱さない土試料の採取には，困難をともなうことが多い。この場合には，地盤に凍結管を挿入し，凍結管の周囲の砂を凍らせ，凍った状態で採取する凍結サンプリング法が利用されることがある。

❶ $N$ 値が 4 から 20 程度までのかたい粘性土の場合は，ロータリー式二重管サンプラー（デニソン型サンプラーともいう）が用いられる。

## 3 土質試験

土木構造物の設計や施工を行ううえで，地盤の力学的性質を詳細に調べておく必要がある場合，土質試験が行われる。このとき，調べておかなければならない内容は，土木構造物の種類や土質によって異なる。そのため，調査目的をしっかりと把握し，それに適合した土質試験を的確に行う必要がある。

なお，ここでは土質試験の種類を，その目的によって分類したものを表 1-5 に示す❷。

❷土質試験の手順や方法は，地盤工学会で基準化され，そのうちの多くは日本工業規格（JIS）で規定されている。

表 1-5　土質試験の目的による分類

| 区分 | 目的 | 種類 | 日本工業規格（JIS） |
|---|---|---|---|
| 物理的性質を求める試験 | 土を分類・判別するための試験 | 粒度試験<br>液性限界・塑性限界試験<br>収縮定数試験 | JIS A 1204<br>JIS A 1205<br>JIS A 1209 |
| | 土の状態を表す諸量を求めるための試験 | 含水比試験<br>土粒子の密度試験<br>湿潤密度試験 | JIS A 1203<br>JIS A 1202<br>JIS A 1225 |
| 力学的性質を求める試験 | 地盤の破壊問題に関する試験 | 一面せん断試験<br>一軸圧縮試験<br>三軸圧縮試験 | ――<br>JIS A 1216<br>―― |
| | 粘性土の沈下問題に関する試験 | 圧密試験 | JIS A 1217 |
| | 地盤の透水問題に関する試験 | 定水位透水試験<br>変水位透水試験 | JIS A 1218 |
| | 地盤の締固め問題に関する試験 | 締固め試験<br>CBR 試験 | JIS A 1210<br>JIS A 1211 |

## 第1章　章末問題

**1.**　岩石には大きく分けて火成岩・堆積岩・変成岩がある。それぞれの特徴を述べよ。

**2.**　土は，岩石が物理的風化作用・化学的風化作用および生物的要因による風化作用によって細分化され生成されている。それぞれの風化作用の特徴を述べよ。

**3.**　土の生成に関する次の説明文の(　　　)内に適切な語句を記入せよ。

岩石の風化や，植物が枯死してそのままの位置に堆積している土を(　　　)という。このうち，岩石の風化によりできた土を(　　　)といい，代表的な土に花こう岩地帯に多くみられる(　　　)がある。また，植物が枯死してできた土を(　　　)といい，代表的な土に北海道地方に多く堆積している(　　　)などがある。

一方，風や流水などによって遠方まで運ばれて堆積した土を(　　　)という。このうち，流水の作用で運搬され海に堆積した土は(　　　)という。また，火山灰が堆積してできた土を(　　　)といい，代表的な土に，富士山や浅間山などが火山として活動したときの灰が堆積して，関東に広く堆積している(　　　)などがある。

**4.**　日本の地域的に分布し，土木工事上問題となる土について，その名称と特異性を述べよ。

**5.**　土に関する工学的性質を求める土質調査には，原位置試験と土質試験がある。それぞれの違いについて述べよ。

**6.**　現地で直接測定するサウンディングには，静的な方法と動的な方法がある。それぞれ代表的な試験装置をあげ，特徴を述べよ。

**7.**　標準貫入試験に関する次の説明文の(　　　)内に適切な語句を記入せよ。

標準貫入試験は，重さ(　　　) kg のハンマーを(　　　) cm の高さから自由落下させ，地盤のある深さにおいて標準貫入試験用サンプラーを(　　　) cm 貫入させるのに要する打撃回数 $N$ 値を測定し，土の硬軟や締まりぐあいの判定に利用される。この値が大きいことは地盤が(　　　)ことを示し，値が小さいことは地盤が(　　　)ことを示している。

**8.**　採取された土試料には，その目的に応じて「乱した土試料」と「乱さない土試料」がある。それぞれ使用される用途について述べよ。

# 土の基本的性質

粘土粒子の顕微鏡写真

地盤を構成する土は，同じ土粒子からなる土でも，水の含みぐあいや，土粒子のつまりぐあいなどの状態によって，土の示す性質がかわる。

その土の状態を把握し，構造物の設計や施工に生かすには，土の状態を数量化して表すことがたいせつである。また，土にはいろいろな種類があり，それぞれの土について，水の含みぐあいや土粒子の粒径別の含有割合により，土を工学的に分類することができ，効率のよい設計や施工に役立つ。そして，土を材料として利用する場合，土の状態を改良するのに締固めが行われるが，締固めの性質は土によって異なり，その性質を知っておくこともたいせつである。

- 土はどのような構成や構造をもっているのだろうか。
- 土の状態を数量化して表すにはどのようにすればよいのだろうか。
- 土を分類するにはどのような性質に着目し，どのように分類すればよいのだろうか。
- 土の締固めの性質とはどのようなものだろうか。

# 1 土の構成と状態の表し方

土を構成している粒子を，**土粒子**[1]といい，自然に堆積している土は，大小さまざまな大きさと形をもった土粒子が集合してできている。その土粒子間のすき間を**間げき**[2]といい，この間げきには，水・空気などがいろいろな割合で含まれている。

❶soil particle

❷void

つまり，自然にある土は，固体の土粒子，液体の水，気体の空気の三つの相から構成されていて，土の生成過程とその後の経過時間，土が置かれている状況によって，その構成割合はさまざまである。

## 1 土の構造

土粒子で構成されている土の固体部分を**土の骨格**[3]といい，この骨格を形づくっている土粒子は，さまざまな配列をしている。この土粒子の配列状態を**土の構造**[4]という。

❸soil skeleton

❹soil structure

### 1 土粒子の大きさと形

地盤を構成している土や，いろいろな工事の材料として利用される土の土粒子の大きさは，直径が数十 mm から，数 μm の微細なものまで，ひじょうに範囲が広い。土粒子の大きさを**粒径**[5]といい，土粒子は図 2-1 に示すような粒径で区分され，その区分範囲に示す呼び名で表されている。

❺particle size；grain size

| 細粒分 | | 粗粒分 | | | | | | 石分 | |
|---|---|---|---|---|---|---|---|---|---|
| 粘　土 | シルト | 砂 | | | 礫 | | | 石 | |
| | | 細　砂 | 中　砂 | 粗　砂 | 細　礫 | 中　礫 | 粗　礫 | 粗石（コブル） | 巨石（ボルダー） |

粒径の区分境界［mm］：0.005　0.075　0.25　0.85　2　4.75　19.0　75.0　300

粒　径［mm］

**図 2-1　土粒子の粒径区分とその呼び名**[6]

（「地盤材料の工学的分類方法」（地盤工学会基準）による）

❻ある区分に属する構成粒子自体を意味するときは，各呼び名にそれぞれ「粒子」をつけ，また，ある区分に属する構成分を意味するときは，各呼び名にそれぞれ「分」をつけて表す。

土粒子の形は，粒状のものと薄片状のものに大別される。岩石や岩片がおもに物理的風化作用を受けて細粒化した礫や砂などの粒子は，粒状をしている。岩石が破砕した直後の粒子は角ばっているが，その後運搬作用を受け，摩耗が進むと丸みをおびたものになる。角ばった粒子からできている土は，丸みのある粒子からできている土に比べて，粒子どうしがよくかみ合うので，変形や破壊に対する抵抗が大きい。

細粒化した砂分やシルト分が，化学的風化作用を受け，別の鉱物質に変化し，微細な粘土分になると薄片状の粒子が層をなすものが多い。粘土分を多く含む土は，ふつう変形しやすく，破壊に対する抵抗が小さいなど，砂粒子を多く含む土と異なった性質を示す。

### 2 土の構造

土粒子は，堆積するときの物理的・化学的な作用や，その後の長い年月の間のさまざまな作用により，いろいろな土の構造をつくっている。この土の構造は，一般に砂質土と粘性土に分けて説明される。

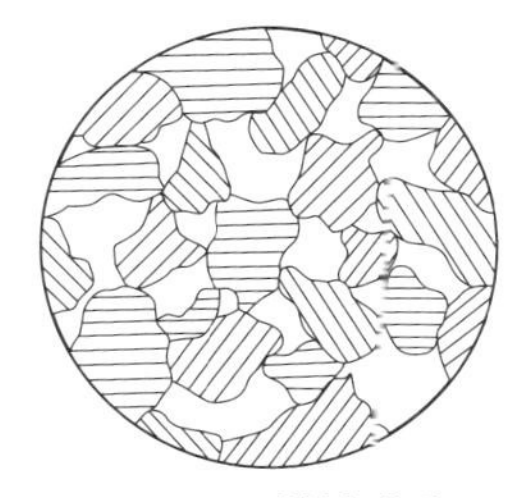

図 2-2　単粒構造

砂質土は，図 2-2 に示すように，土粒子が重力の作用によって相互に接触しながら積み重なっている。このような構造を**単粒構造**[1]という。

[1] single grained structure

粘性土は堆積するときに，重力による作用よりも，土粒子の表面が負に帯電していることによる電気的な力の影響を強く受けるため，土粒子が一定の配列をもった構造となっている。このため，自然状態にある粘性土は，外力に対してある程度抵抗できる強度をもっているが，その構造がいったん乱されると，著しく強度が低下する。

## 2 土の状態の表し方

土は，同じ構造であっても，間げきが大きい場合や小さい場合，含む水の量が多い場合や少ない場合など，その土の状態によっても，力学的性質に違いが生じる。つまり，土の力学的性質は，土の構造だけでなく，その土の状態によっても影響を受ける。

一般に土の状態は，水の含みぐあい，間げきの割合，土の詰まりぐあいなどで表され，これらを数量化することが考えられている。土を単純化して示すと，図 2-3(a)のようになるが，数量化するために，土を模式化して，図(b)のような構成図で考える。

土の状態は，これら三つの相の質量や体積の相互の割合として，数量化することで的確に把握することができる。

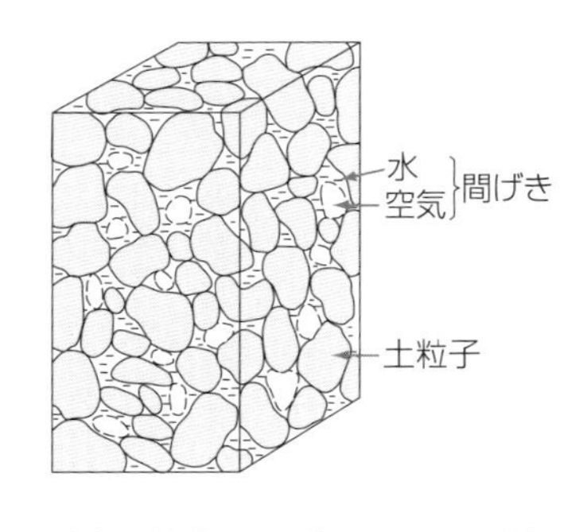


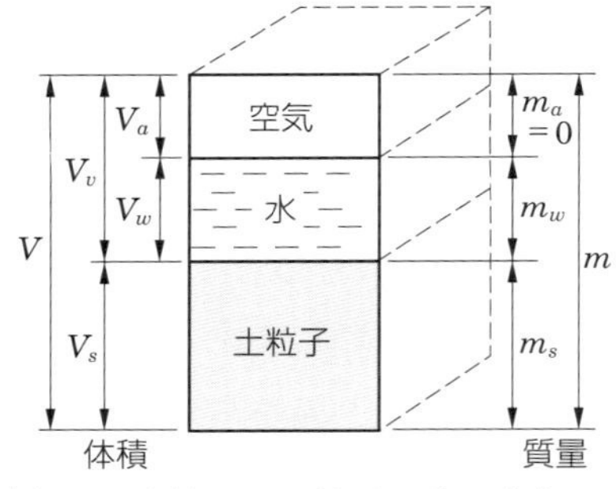


(a) 体積 $V$，質量 $m$ の土試料

$V$，$m$：土全体の体積，質量
$V_v$：間げきの体積

(b) 土試料中の土粒子・水・空気の各部をまとめて模型的に表した場合

$V_a$, $m_a$：間げき中の空気の体積，質量
$V_w$, $m_w$：間げき中の水の体積，質量
$V_s$, $m_s$：土粒子だけの体積，質量

**図 2-3 模型的に表した土の構成図**

## 1 土粒子の密度

土粒子の単位体積あたりの質量を**土粒子の密度**[1]という。土粒子の密度は，土粒子の質量 $m_s$ を土粒子の体積 $V_s$ で割ったもので，次式で表される。

**土粒子の密度** $$\rho_s = \frac{\boldsymbol{m_s}}{\boldsymbol{V_s}} \quad [\mathrm{g/cm^3}] \quad (2\text{-}1)$$

❶density of soil particle

**表 2-1 土粒子の密度の測定例**

| 土質名 | 密度[g/cm³] | 土質名 | 密度[g/cm³] |
|---|---|---|---|
| 沖積粘性土 | 2.50 ～ 2.75 | 関東ローム | 2.7 ～ 3.0 |
| 沖積砂質土 | 2.6 ～ 2.8 | ま さ 土 | 2.6 ～ 2.8 |
| 洪積粘性土 | 2.50 ～ 2.75 | し ら す | 1.8 ～ 2.4 |
| 洪積砂質土 | 2.6 ～ 2.8 | 黒 ぼ く | 2.3 ～ 2.6 |
| 豊浦標準砂 | 2.64 | 泥 炭 | 1.4 ～ 2.3 |

表 2-1 は土粒子の密度の測定例である。この土粒子の密度は，土の状態を表す諸量を求めるのに利用されるたいせつな値である。

## 2 含水比

土の間げき中に含まれる水の量を**含水量**という[2]。含水量を表すのに水の質量 $m_w$ と土粒子の質量 $m_s$ の比を百分率で表した**含水比**[3] $w$ が用いられる。すなわち，含水比は次式で表される。

**含水比** $$\boldsymbol{w} = \frac{\boldsymbol{m_w}}{\boldsymbol{m_s}} \times \mathbf{100} \quad [\%] \quad (2\text{-}2)$$

土の工学的な性質は，含水量によって大きく影響されるので，含水比は土の状態を表す諸量の中で最も基本となる量である。式(2-2)の含水量 $m_w$ は，110℃ の炉乾燥によって吸着水まで蒸発させて求めた間げき中の水の質量で与えられる。

自然状態にある土の含水比を**自然含水比**[4] $w_n$ という。

❷第 3 章(p. 46)で学ぶように，間げき中には 3 種類の水がある。**自由水**と**毛管水**は，土を常温で乾燥すればなくなるが，**吸着水**は，分子間引力によって土粒子の表面にきわめて薄い水膜を形成しながらかたく土粒子に吸着している。

❸water content

❹natural water content

**表 2-2 自然含水比の測定例**

| 土質名 | 地名 | 自然含水比 $w_n$ [%] |
|---|---|---|
| 沖積粘土 | 東京 | 50～80 |
| 洪積粘土 | 東京 | 30～60 |
| 関東ローム | 関東 | 80～150 |
| 黒 ぼ く | 九州 | 30～270 |
| 泥 炭 | 石狩 | 115～1290 |

自然含水比の測定例を表 2-2 に示す。このように，自然含水比は土の種類によって大きく異なる。また，この値は，一般に粗い粒子が多い土ほど小さく，細かい粒子が多い土ほど大きい。

## 3 間げき比と飽和度

土の間げき部分が占める割合を表すのに，間げき比と間げき率が用いられる。図 2-4 のように**間げき比**[1] $e$ は，間げきの体積 $V_v$ と土粒子の体積 $V_s$ との比として，また**間げき率**[2] $n$ は，間げきの体積 $V_v$ と土全体の体積 $V$ に対する百分率として定義されている。

[1] void ratio

[2] porosity

**間げき比** $$\boldsymbol{e = \frac{V_v}{V_s}} \qquad (2\text{-}3)$$

**間げき率** $$\boldsymbol{n = \frac{V_v}{V} \times 100} \quad [\%] \qquad (2\text{-}4)$$

これらの値は，土の圧縮性や透水性を考えるうえで，たいせつである。ここで，間げき比 $e$ は，土粒子の体積を基準として表しているので，間げきの体積 $V_v$ の変化は，$e$ の値の変化で表される。とくに，土の圧縮性を考えるときは，間げき比を用いるほうが便利である。なお，間げき比が小さいほど間げきの体積の占める割合が小さく，つまり土が密なことを示している。

また，間げき率 $n$ は間げき比 $e$ を求めて，次式で計算される。

$$\boldsymbol{n = \frac{V_v}{V_s + V_v} \times 100 = \frac{V_v/V_s}{1 + V_v/V_s} \times 100 = \frac{e}{1+e} \times 100} \quad [\%] \qquad (2\text{-}5)$$

図 2-4 に示すように，土粒子の体積を 1 とすると，間げきの体積は $e$ となる。したがって，土全体の体積は，$1 + e$ で表され，これを**体積比**[3]といい，$f$ で表す。土全体の体積の変化は $f$ の変化で表される。

[3] volume ratio, specific volume

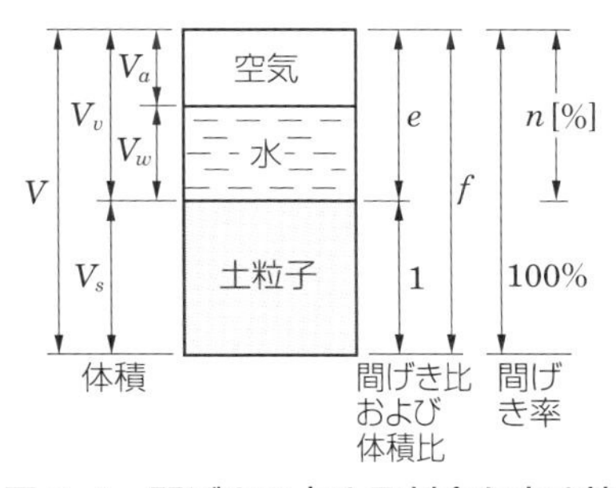

図 2-4　間げきの占める割合を表す値

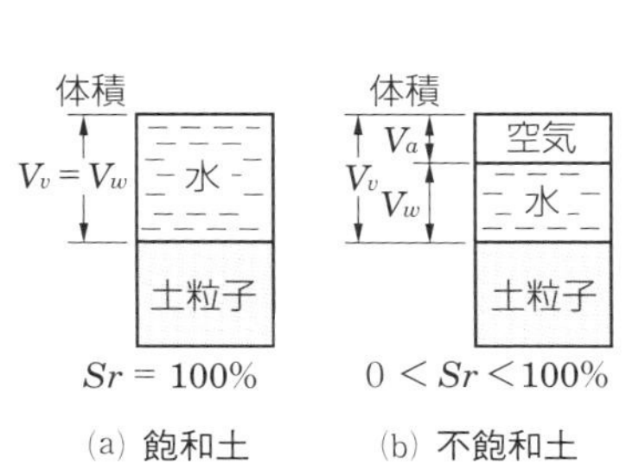

図 2-5　飽和土および不飽和土

ここで，図 2-5(a)のように，間げきが水で満たされて飽和している土を**飽和土**[1]といい，図(b)のように，間げき中に水と空気がともに存在する土を**不飽和土**[2]という。

このように，間げきの中で水の体積 $V_w$ が占める割合を**飽和度**[3] $S_r$ といい，次式で与えられる。

[1] fully saturated soil

[2] partially saturated soil, unsaturated soil

[3] degree of saturation

**飽和度**

$$\boldsymbol{S_r = \frac{V_w}{V_v} \times 100} \quad [\%] \tag{2-6}$$

これらの間げき比 $e$，間げき率 $n$，飽和度 $S_r$ は，直接測定することはできないので，土粒子の密度 $\rho_s$ や含水比 $w$，次に説明する湿潤密度 $\rho_t$ を直接測定し，計算によって求められている。

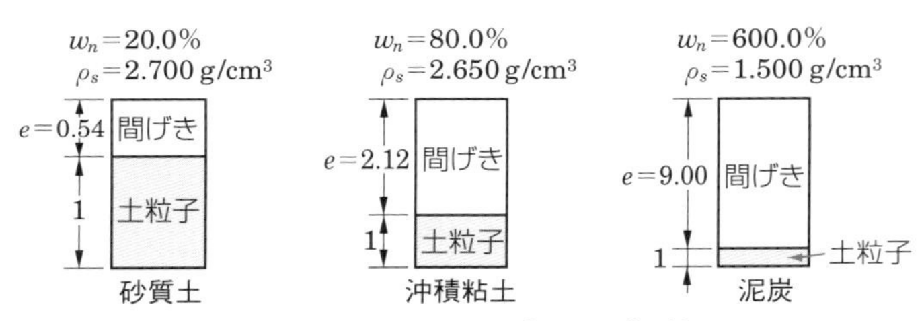

図 2-6　いろいろな土の間げき比

図 2-6 には，自然状態における飽和した砂質土，沖積粘土および泥炭の測定例から得た，代表的な自然含水比 $w_n$ と土粒子の密度 $\rho_s$ をもとに計算した間げきの割合を図示している。また，砂と粘土の一般的な間げき比の範囲を，図 2-7 に示す。このように，土の間げき比は，意外に大きいことがわかる。

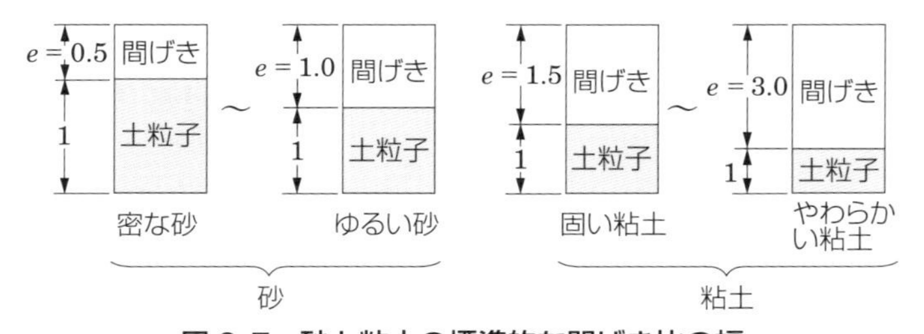

図 2-7　砂と粘土の標準的な間げき比の幅

## 4　土の密度と単位体積重量

間げき中の水分を含めた土の単位体積あたりの質量を土の**湿潤密度**[4] $\rho_t$ といい，次式で表す。

[4] wet density

**湿潤密度**　$\rho_t = \dfrac{m}{V}$　[g/cm³]　(2-7)

これに対して，間げき中にいくら水が含まれていても，土の単位体積あたりの土粒子だけの質量を土の**乾燥密度**❶ $\rho_d$ といい，次式で表す。

❶dry density

**乾燥密度**　$\rho_d = \dfrac{m_s}{V}$　[g/cm³]　(2-8)

湿潤密度 $\rho_t$ と乾燥密度 $\rho_d$ の関係は，式(2-7)と式(2-2)から，次のようになる。

$$\rho_t = \frac{m}{V} = \frac{m_s + m_w}{V} = \frac{m_s}{V}\left(1 + \frac{m_w}{m_s}\right) = \rho_d\left(1 + \frac{w}{100}\right) \quad [\mathrm{g/cm^3}] \quad (2\text{-}9)$$

ここで，湿潤密度 $\rho_t$ と含水比 $w$ は直接測定され，乾燥密度 $\rho_d$ は式(2-9)を変形した次式から，計算によって求められる。

$$\rho_d = \frac{\rho_t}{1 + \dfrac{w}{100}} \quad [\mathrm{g/cm^3}] \quad (2\text{-}10)$$

土が締まっているかどうかは，間げき中の水の量に関係なく，土の単位体積あたりに土粒子がどれだけ詰まっているかで判定される。このため，乾燥密度 $\rho_d$ は土の締まりぐあいを知るのに用いられる。

また，盛土による荷重や**土被り圧**(どかぶりあつ)❷を計算する場合には，単位体積あたりに働く重力の大きさ(単位体積重量)，すなわち**湿潤単位体積重量**❸ $\gamma_t$ が必要である。一般に，土に働く重力の大きさ $W$ は質量 $m$ に重力の加速度 $g$❹を掛けて求められるので，湿潤単位体積重量 $\gamma_t$ は，式(2-7)で求めた湿潤密度 $\rho_t$ を [t/m³] の単位に換算してから重力加速度 $g$ を掛けることで，次式により求められる。

❷overburden pressure；第4章(p.62)参照。

❸wet unit weight

❹重力の加速度 $g$ の値は，場所によってわずかに異なるが，地球上ではおおむね $g = 9.8\ \mathrm{m/s^2}$ としている。

**湿潤単位体積重量**　$\gamma_t = \dfrac{W}{V} = \dfrac{mg}{V} = \rho_t g$　[kN/m³]　(2-11)

同様に，**乾燥単位体積重量**❺ $\gamma_d$ は，次式で表される。

❺dry unit weight

**乾燥単位体積重量**　$\gamma_d = \dfrac{W_s}{V} = \dfrac{m_s g}{V} = \rho_d g$　[kN/m³]　(2-12)

## 5　土の状態を表す諸量の計算

土の状態を表す諸量の中で，すでに学んだように，含水比 $w$，湿潤密度 $\rho_t$，土粒子の密度 $\rho_s$ は，土質試験により直接測定される。

これら直接に測定された値を用いて，間げき比 $e$，飽和度 $S_r$ をはじめ，土の状態が変化した場合における土の密度は，次に説明する式を利用して，計算によって求められる。

間げき比 $e$ は，式(2-3)，式(2-1)，式(2-8)から，次式で与えられる。

$$e = \frac{V_v}{V_s} = \frac{V - V_s}{V_s} = \frac{V}{V_s} - 1 = \frac{V}{\dfrac{m_s}{\rho_s}} - 1 = \frac{\rho_s}{\dfrac{m_s}{V}} - 1 = \frac{\rho_s}{\rho_d} - 1$$

また，式(2-10)を用いて，次のように表すこともできる。

$$\boldsymbol{e = \frac{\rho_s}{\rho_d} - 1 = \frac{\rho_s}{\rho_t}\left(1 + \frac{w}{100}\right) - 1} \qquad (2\text{-}13)$$

飽和度 $S_r$ は，式(2-6)，(2-1)，(2-3)から，次式で与えられる。

$$S_r = \frac{V_w}{V_v} \times 100 = \frac{\dfrac{V_w}{V_s}}{\dfrac{V_v}{V_s}} \times 100 = \frac{\dfrac{m_w/\rho_w}{m_s/\rho_s}}{e} \times 100 = \frac{\dfrac{m_w}{m_s} \times 100\,\rho_s}{e\rho_w}$$

**飽和度**

$$\boldsymbol{S_r = \frac{w\rho_s}{e\rho_w}} \quad [\%] \qquad (2\text{-}14)$$

$\rho_w$：水の密度($= m_w/V_w$) [g/cm$^3$]

これらの値の計算手順は，図 2-8 のように示される。

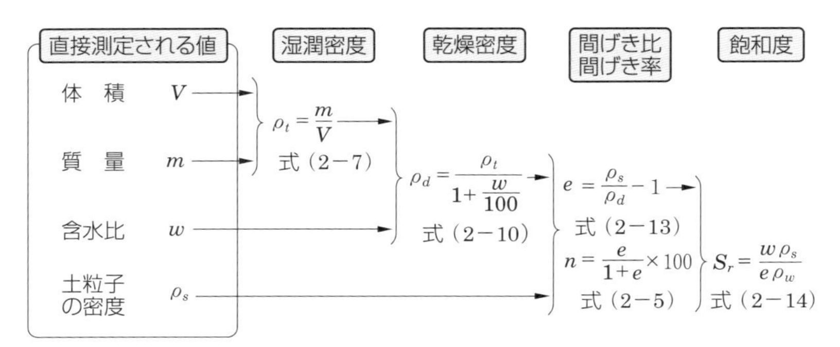


図 2-8　土の状態を表す諸量の計算手順

ところで，湿潤密度 $\rho_t$ は，式(2-1)と式(2-3)から，

$$\rho_t = \frac{m}{V} = \frac{m_s + m_w}{V_s + V_v} = \frac{\dfrac{m_s}{V_s} + \dfrac{m_w}{V_s}}{1 + \dfrac{V_v}{V_s}} = \frac{\rho_s + \rho_w \dfrac{V_w}{V_s}}{1 + e} \qquad (2\text{-}15)$$

で表され，ここで式(2-6)と式(2-3)から，

$$\frac{V_w}{V_s}=\frac{V_v\dfrac{S_r}{100}}{V_s}=\frac{V_v}{V_s}\times\frac{S_r}{100}=e\frac{S_r}{100} \qquad (2\text{-}16)$$

したがって，式(2-15)と式(2-16)から，

$$\rho_t=\frac{\rho_s+\rho_w e\dfrac{S_r}{100}}{1+e}\quad[\mathrm{g/cm^3}] \qquad (2\text{-}17)$$

5 よって，上式に式(2-14)を代入すると，

$$\boldsymbol{\rho_t=\frac{\rho_s+w\dfrac{\rho_s}{100}}{1+e}=\frac{\rho_s\left(1+\dfrac{w}{100}\right)}{1+e}}\quad[\mathrm{g/cm^3}] \qquad (2\text{-}18)$$

不飽和の状態にある土が飽和した状態になった場合の湿潤密度を**飽和密度**[1] $\rho_{sat}$ といい，$\rho_{sat}$ は，式(2-17)で，$S_r=100\%$ と置いて，次式で与えられる。

[1] saturated density

10 **飽和密度** $$\boldsymbol{\rho_{sat}=\frac{\rho_s+\rho_w e}{1+e}}\quad[\mathrm{g/cm^3}] \qquad (2\text{-}19)$$

同様に，式(2-17)で，$S_r=0$ と置いた密度は乾燥密度 $\rho_d$ となり，次式で与えられる。

$$\boldsymbol{\rho_d=\frac{\rho_s}{1+e}}\quad[\mathrm{g/cm^3}] \qquad (2\text{-}20)$$

ここで，土が飽和状態にあるときの単位体積重量は，**飽和単位体積重量**[2] $\gamma_{sat}$ といい，式(2-19)から，次式で与えられる。 15

[2] saturated unit weight

**飽和単位体積重量** $$\boldsymbol{\gamma_{sat}=\rho_{sat}g=\frac{\rho_s+\rho_w e}{1+e}g}\quad[\mathrm{kN/m^3}] \qquad (2\text{-}21)$$

地下水位より下に存在する土の単位体積重量は，**水中単位体積重量**[3] $\gamma'$ とよばれる。この場合，土は飽和しているとともに土粒子部分が浮力を受けるので，その分だけ軽くなり，$\gamma'$ は次式で求められる。 20

[3] submerged unit weight

**水中単位体積重量**

$$\boldsymbol{\gamma'=\gamma_{sat}-\gamma_w=(\rho_{sat}-\rho_w)g=\frac{\rho_s-\rho_w}{1+e}g}\quad[\mathrm{kN/m^3}] \qquad (2\text{-}22)$$

$\gamma_w$：水の単位体積重量[4]

[4] $\gamma_w=\rho_w g=1\,\mathrm{g/cm^3}\times9.8\,\mathrm{m/s^2}=1\,\mathrm{t/m^3}\times9.8\,\mathrm{m/s^2}=9.8\,\mathrm{kN/m^3}$

ある湿潤土の体積と質量を測定したところ，それぞれ $V = 56.52\ \mathrm{cm^3}$，$m = 101.74\ \mathrm{g}$ であり，これの炉乾燥後の質量は $m_s = 79.13\ \mathrm{g}$ になった。また，土粒子の密度試験の結果は $\rho_s = 2.650\ \mathrm{g/cm^3}$ であった。この土試料の含水比 $w$，湿潤密度 $\rho_t$，乾燥密度 $\rho_d$，間げき比 $e$，間げき率 $n$，飽和度 $S_r$ を求めよ。また，この土が飽和した場合における飽和密度 $\rho_{sat}$，飽和単位体積重量 $\gamma_{sat}$ および水中単位体積重量 $\gamma'$ を求めよ。

含水比　$w = \dfrac{m_w}{m_s} \times 100 = \dfrac{m - m_s}{m_s} \times 100 = \dfrac{101.74 - 79.13}{79.13} \times 100$

$= \mathbf{28.6\%}$

湿潤密度　$\rho_t = \dfrac{m}{V} = \dfrac{101.74}{56.52} = \mathbf{1.800\ g/cm^3}$ ❶

乾燥密度　$\rho_d = \dfrac{m_s}{V} = \dfrac{79.13}{56.52} = \mathbf{1.400\ g/cm^3}$

間げき比　$e = \dfrac{\rho_s}{\rho_d} - 1 = \dfrac{2.650}{1.400} - 1 = \mathbf{0.893}$

間げき率　$n = \dfrac{e}{1 + e} \times 100 = \dfrac{0.893}{1 + 0.893} \times 100 = \mathbf{47.2\%}$

飽和度　$S_r = \dfrac{w\rho_s}{e\rho_w} = \dfrac{28.6 \times 2.650}{0.893 \times 1.000} = \mathbf{84.9\%}$

飽和密度 $\rho_{sat} = \dfrac{\rho_s + \rho_w e}{1 + e} = \dfrac{2.650 + 1.000 \times 0.893}{1 + 0.893} = \mathbf{1.872\ g/cm^3}$

$= \mathbf{1.872\ t/m^3}$

飽和単位体積重量　$\gamma_{sat} = \rho_{sat} g = 1.872 \times 9.8 = \mathbf{18.3\ kN/m^3}$

水中単位体積重量　$\gamma' = \gamma_{sat} - \gamma_w = 18.3 - 9.8 = \mathbf{8.5\ kN/m^3}$

❶本書では，一般に土質試験によって求められる値は，「地盤材料試験の方法と解説」（地盤工学会）に従い，必要な有効数字まで求めるが，それ以外の値は有効数字を3桁とする。

**問1**　ある砂質土の体積と質量を測定したところ，それぞれ $V = 50.25\ \mathrm{cm^3}$，$m = 89.95\ \mathrm{g}$ であり，これらの炉乾燥後の質量は $m_s = 70.78\ \mathrm{g}$ になった。また，土粒子の密度試験の結果は $\rho_s = 2.650\ \mathrm{g/cm^3}$ であった。この採取した土の含水比 $w$，湿潤密度 $\rho_t$，乾燥密度 $\rho_d$，間げき比 $e$，間げき率 $n$，飽和度 $S_r$ を求めよ。また，この土に，間げき比に変化がない状態で水が加えられて飽和度が 85.0% になった。この場合の含水比 $w$，湿潤密度 $\rho_t$ を求めよ。

# 2 土の分類

地盤を構成する土には，成因や生成条件の違いからいろいろなものがあり，それぞれ性質が異なる。その土を特徴づける性質をもとに分類できれば，土の性質のおよその見当をつけることができ，土を材料土として用いたり基礎地盤として取り扱う場面の適否の判断や，設計・施工上の問題点をあらかじめ知るうえで役に立つ。

それぞれの土を特徴づける性質には，土粒子の粒径別の含有割合を示す**粒度**❶と，含水量の多少によってやわらかくなったり，かたくなったりする性質を表す**コンシステンシー**❷がある。これらの性質は，それぞれの土に固有な値であるため，この二つの性質に基づいて土の分類が行われている。ここでは，土の粒度とコンシステンシーの性質を学んだのち，これらの性質に基づく土の工学的分類方法について学ぶ。

❶gradation

❷consistency：
一般に物体のかたさ，やわらかさ，もろさ，流動性などの程度を表す総称のこと。

## 1 粒度

一般に，土は大小さまざまな土粒子が混ざりあって，その粒径によって，図2-1のように区分されている。ふつう，シルト以下の細粒分の含有量が，質量比で50%以上の土を**細粒土**❸，砂や礫の粗粒分の含有量が，質量比で50%を超える土を**粗粒土**❹という。

粗粒土の場合，その工学的性質が，粒度によって大きく影響を受けるので，後で学ぶ工学的分類方法でも粒度で分類されている。

### 1 粒度の表し方

土の粒度は，粒度試験を行って調べる。この試験は，粗粒分に対しては，**ふるい分析**❺を，細粒分に対しては，**沈降分析**❻を用いて行われる。その結果は，図2-9のように，横軸に対数目盛で粒径を，縦軸に普通目盛でその粒径より小さな土粒子の質量を土試料全体の質量で割った通過質量百分率をとった**粒径加積曲線**❼で示される。

粒径加積曲線の，通過質量百分率が10%，30%，60%のとき粒径$D_{10}$ [mm]，$D_{30}$ [mm]，$D_{60}$ [mm] を読み取り，次のように数量化した値が粒度の判断や，その土試料の工学的性質の推定のために用いられる。

❸fine-grained soil

❹coarse-grained soil

❺ふるい分析は，規格によって決められた大きさの網目をもつ一組のふるいで土をふるい，それぞれのふるいに残った土試料の土全体に対する質量百分率から粒度を求める方法。

❻沈降分析は，水の中に土を入れてかくはんし，土粒子が水中で浮遊している懸濁(けんだく)液をつくる。
大きな土粒子ほど早く水中に沈降するため，懸濁液の密度が時間とともに変化するようすを測定することによって，ストークス(Stokes)の法則を用いた計算により，粒度を求める方法。

❼grain size distribution curve

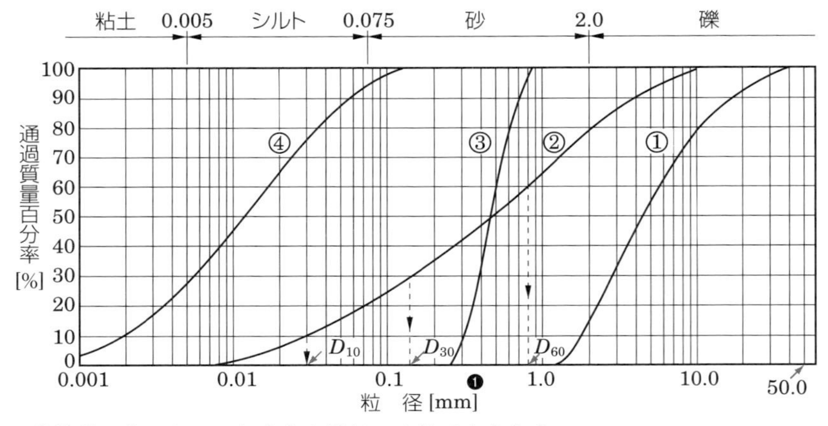


曲線①：右にあるほど大きな粒径の土粒子を含む土。
曲線②：傾きが緩やかであれば，広範囲の粒径の土粒子を含む土で，土粒子がつくる間げきをより小さな土粒子が埋めていき，大きな密度を得ることができるので，粒度分布がよい土。
曲線③：狭い粒径の中で，曲線が立っているような土で，粒径がそろっていて，間げきが詰まりにくいので，粒度分布が悪い土。
曲線④：左にあるほど小さな粒径の土粒子を含む土。

**図 2-9　粒径加積曲線**

❶対数の目盛り軸は，一般に，異なる位に散らばるほど範囲が広いデータを一つのグラフに表示し，そのデータの傾向や変化をより理解しやすくするときなどに使用される。

| | |
|---|---|
| **有効径** | $\boldsymbol{D_{10}}$ [mm] |
| **均等係数** | $\boldsymbol{U_c = \dfrac{D_{60}}{D_{10}}}$ |
| **曲率係数** | $\boldsymbol{U_c' = \dfrac{(D_{30})^2}{D_{10} \times D_{60}}}$ |

**有効径** $D_{10}$❷は，土試料に含まれる細粒分の大きさの程度を知る指標となるもので，砂を多く含む土の透水係数❸の推定に用いられる。

❷effective grain size

❸第3章(p. 48)参照。

**均等係数** $U_c$❹は曲線の傾きを示し，この値が大きいほど広範囲の粒径の粒子を含み，小さいほど粒径がそろっていることを示している。

❹coefficient of uniformity

**曲率係数** $U_c'$❺は，曲線のなだらかさを示し，この値が1に近いほど粒径加積曲線は，なだらかな直線に近づき，いろいろな大きさの土粒子をまんべんなく含む土であることを示している。

❺coefficient of curvature

ここで，$U_c$が10以上を「粒径幅の広い」土とし，10未満を「分級された」土と表している。❻

❻$U_c$，$U_c'$を用いて粒度を判断する場合，$U_c$が10以上で，$U_c'$が1〜3の範囲にある土を「粒度分布がよい」，それ以外の土を「粒度分布が悪い」と表すこともある。

## 2　粒度による土の分類

粒度試験の結果から，土試料に含まれている礫分・砂分・細粒分のそれぞれの含有百分率によって，その土のおおまかな分類名称がつけられている。一般に，三角座標を用い，その座標上の位置によって高有機質土や人工材料を除く土質材料の分類名が与えられる。図 2-10 は土質材料を中分類する場合の**三角座標**である。

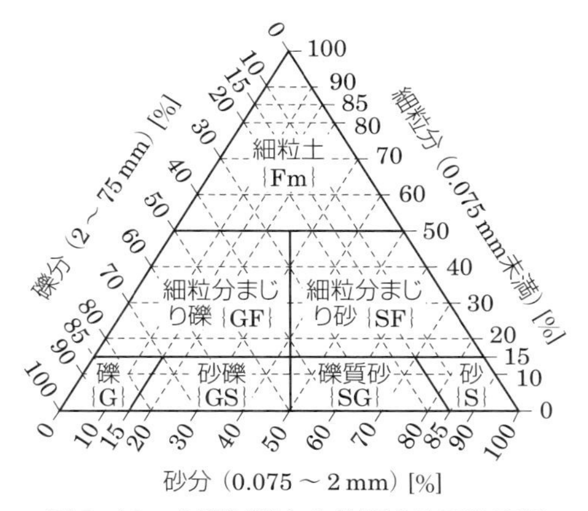


**図 2-10　土質材料を中分類する三角座標**

**例題 2**　ある土試料について粒度試験を行い，次の結果が得られた。この土試料の粒径加積曲線を描き，有効径 $D_{10}$，均等係数 $U_c$，曲率係数 $U_c'$ を求め，粒度分布を判定せよ。また，この土試料を図 2-10 の三角座標によって分類せよ。

| | 粒　径 [mm] | 通過質量百分率[%] | | 粒　径 [mm] | 通過質量百分率[%] | | 粒　径 [mm] | 通過質量百分率[%] |
|---|---|---|---|---|---|---|---|---|
| ふるい分析 | 9.50 | 100.0 | ふるい分析 | 0.425 | 57.0 | 沈降分析 | 0.040 | 24.0 |
| | 4.75 | 94.0 | | 0.250 | 47.0 | | 0.018 | 17.0 |
| | 2.00 | 84.0 | | 0.106 | 35.0 | | 0.008 | 12.0 |
| | 0.85 | 70.0 | | 0.075 | 31.0 | | 0.003 | 8.0 |
| | | | | | | | 0.001 | 6.0 |

**解答**　この土試料について粒径加積曲線を描くと図 2-11 のようになる。

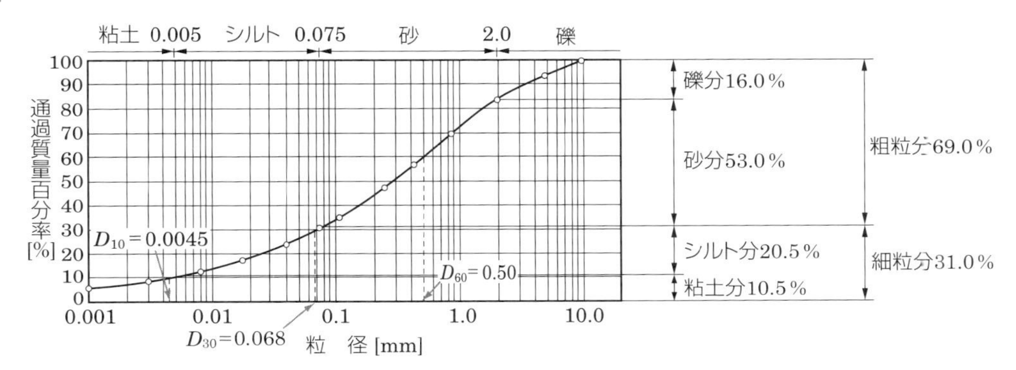


**図 2-11**

この粒径加積曲線によって，$D_{10} = 0.0045$ mm，$D_{30} = 0.068$ mm，$D_{60} = 0.50$ mm が得られたことから，

有効径 $D_{10} = \mathbf{0.0045\ mm}$

均等係数 $U_c = \dfrac{D_{60}}{D_{10}} = \dfrac{0.50}{0.0045} = \mathbf{111}$

曲率係数 $U_c' = \dfrac{(D_{30})^2}{D_{10} \times D_{60}} = \dfrac{0.068^2}{0.0045 \times 0.50} = \mathbf{2.1}$

この場合，$U_c \geqq 10$ であるから「粒径幅の広い土」と判断される。また，$1 < U_c' < 3$ であるから，「粒度分布がよい」と判断される。次に，図 2-11 の粒径加積曲線から，この土試料は礫分を 16.0%，砂分を 53.0%，細粒分を 31.0% 含んでいるので，図 2-10 の，それぞれの座標上に，これらのデータをプロットし，それらの点から 0 の点を含む軸に平行線を引き，その交点の位置で分類名が与えられ，**細粒分まじり砂** {SF} と分類される。

## 2 土のコンシステンシー

粘土粒子のような微細な粒子は，水中では各粒子の表面は負に帯電（$O^{2-}$ や $OH^-$）しており，水分子を構成する陽イオン（$H^+$）と結びつき，表面に水分子（吸着水）が薄く衣のように吸着し，水膜を形成する。この水膜を**吸着水層**という。地盤にある粘土粒子どうしは吸着水層を通してたがいに接触し，電気的な力で結びついているが，粒子間に吸着水層をはさむためにすべりやすく，これが粘土のような土の粘りけとなる。このような粘りけを示す土を一般に**粘性土**❶という。

吸着水層より外にある水分子は，自由に動きまわるふつうの水で吸着水と区別される。自由な水が多くなればなるほど，粘土粒子は，その水の中に浮かんだ状態になり，吸着水層どうしの接触がなくなって，粘性土は液状のどろどろした状態を示す。逆に液状の粘性土から水がなくなって，粒子が吸着水層を介して接触するようになれば，電気的結合力が増し，粘りけが発揮されて，塑性❷を示す。このように，粘性土のコンシステンシーは，含水量の多少によって変化する。

細粒土の工学的性質は，粘性土分のコンシステンシーの違いによって大きく影響を受けるので，塑性図で分類されている❸。

❶cohesive soil；
粘性土に対して，粘りけを示さない土を総称して一般に砂質土（sandy soil）とよぶ。これらは，図 2-17（p. 36）に示す分類名とは区別して，一般的によばれている名称である。

❷この場合は，吸着水層で生じたすべりがもとに戻らないことが原因となっている。

❸p. 34，図 2-15 参照。

## 1 コンシステンシー限界

細粒土に水をじゅうぶん加えて練ると液状になる。この土を徐々に乾燥すると，蒸発した水の分だけ体積が減少し，いろいろな形に変形させることができる塑性状となる。さらに乾燥させるとぼろぼろになり，自由な形に変形できない半固体状となる。さらに乾燥を進めると，土粒子どうしが接触し，それ以上体積が縮まなくなり，かたい固体状となる。このような状態の変化を図2-12に示す。それぞれの状態の境界にあたる含水比を**液性限界**❶ $w_L$，**塑性限界**❷ $w_p$，**収縮限界**❸ $w_s$ といい，これらを総称して**コンシステンシー限界**❹という。

❶liquid limit
❷plastic limit
❸shrinkage limit
❹consistency limit；
スウェーデンの土壌物理学者のアッターベルグ（Atterberg，1911年）により最初に提唱されたので，アッターベルグ限界ともいう。

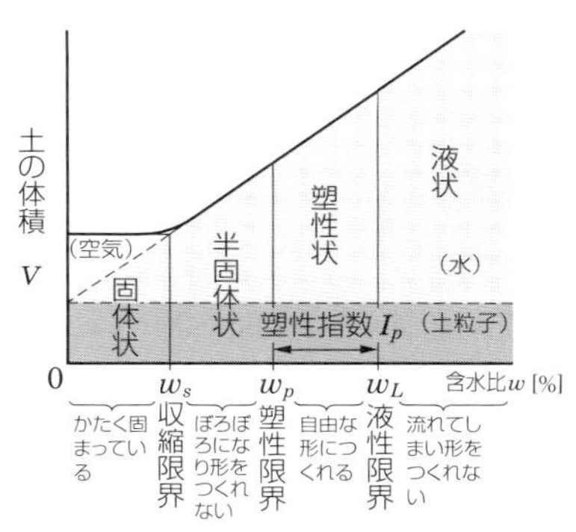


図2-12 コンシステンシー限界および含水比と体積変化との関係

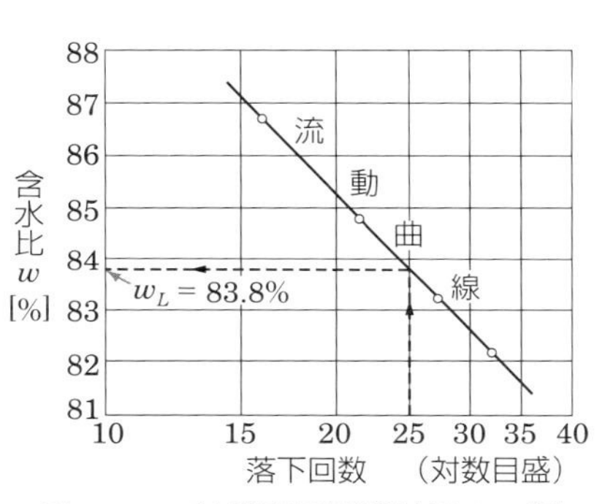


図2-13 液性限界試験結果の一例

このような土の状態は，含水比の変化に対して連続的に変化するため，コンシステンシー限界はJISに定められた「土の液性限界・塑性限界試験方法」で求める。

液性限界は，図2-13に示すような**流動曲線**❺を液性限界試験により求め，この曲線の落下回数❻25回に相当する含水比で与えられる。

土の含水比が，液性限界と塑性限界の間にあれば，その土は塑性を示す。液性限界から塑性限界を引いたもの，つまり，土が塑性を示す含水比の幅を**塑性指数**❼ $I_p$ とよぶ。

$$I_p = w_L - w_p \tag{2-23}$$

塑性指数は，粘土分の含有割合の大小に比例し，粘土分の多い土ほど大きくなる。この関係を図2-14に示す。

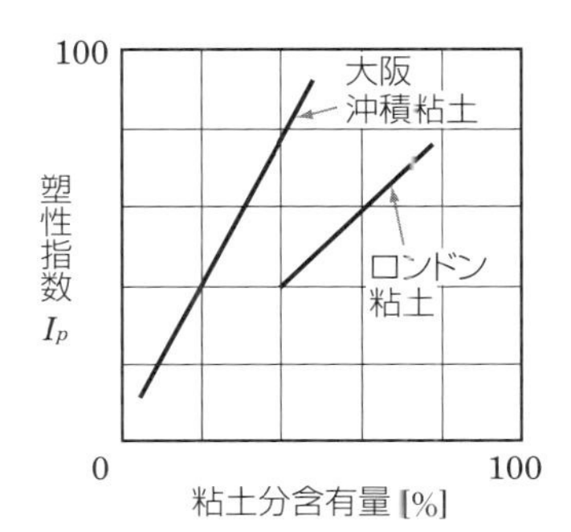


図2-14 粘土分含有量と塑性指数の関係

❺flow curve
❻液性限界測定器の皿の中の土試料の溝が，約1.5cmの長さでくっつくまで皿を落下させた回数。
❼plasticity index

乱さない自然状態の粘性土が，どのような状態にあるかを示すために**液性指数**[1] $I_L$ が用いられる。この $I_L$ は，その土の自然含水比 $w_n$ から，次式で求められる。

[1] liquidity index

$$I_L = \frac{w_n - w_p}{I_p} \quad (2\text{-}24)$$

この液性指数は，乱されていない粘性土を乱した場合に，どれだけ液状になりやすいかを示している。自然状態にある粘性土が $w_n > w_L$ であれば $I_L > 1$ となり，このような粘性土を乱すと液状になることを示している。わが国の沖積粘土は，液性指数が約 1 で，図 2-12 に示した液状と塑性状の境界付近のひじょうにやわらかな状態にある。

### 2 塑性図

液性限界 $w_L$，塑性指数 $I_p$ を用いて細粒土を分類するために，図 2-15 の**塑性図**[2]が用いられる。これは，横軸に液性限界 $w_L$，縦軸に塑性指数 $I_p$ をとったもので，座標上の位置で分類名が与えられる。

[2] plasticity chart

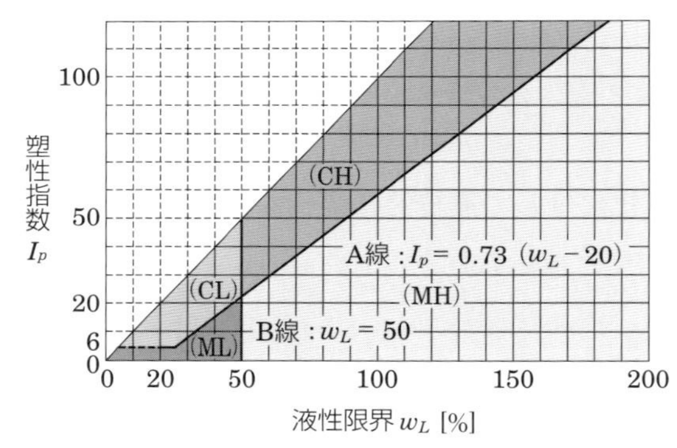


A 線より上の土は粘土分(C)が多いため塑性が高く，下の土はシルト(M)が多いため塑性が低い。また，B 線より右の土は圧縮性が大きく(H)，左の土は圧縮性が小さい(L)。

図 2-15　塑性図

## 3 土の工学的分類方法

土を分類することによって，土の工学的性質を推定したり，材料土としての良否を判断したりするのに役立てることができる。

粗粒分だけで構成される土の工学的性質は，粒度に支配されるので，粗粒土は，粒度に基づいて分類されている。細粒土の工学的性質は，コンシステンシーの違いによって変化するため，図 2-15 の塑性図で分類される。

一般には，土は粗粒分と細粒分の両方を含んでいるため，粒度とコンシステンシーを合わせた分類が行われる。

土を工学的に分類する方法はいくつかあるが，わが国では，図 2-16 のように**地盤材料の工学的分類方法**という基準が用いられている。

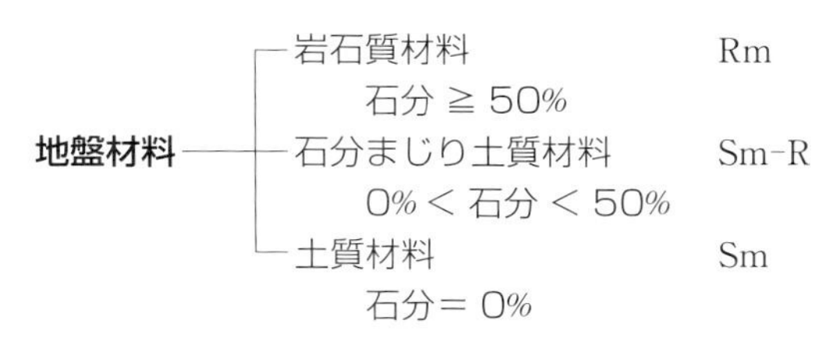


**図 2-16　地盤材料の工学的分類**（地盤工学会による）

この分類法は，まず，試料の中の石分が 50% 以上のときは「岩石質材料 Rm」，石分 50% 未満のときは「石分まじり土質材料 Sm-R」とし，石分を含まないもの「土質材料（Sm）」と分類している。

土質材料については，図 2-17 の**土質材料の工学的分類**に従い，おもに観察によって，人工材料であるかどうかを判断し，そうでない場合は粗粒分の多少で大分類を行い，さらに粒度やコンシステンシーによって，中分類・小分類されて分類名が与えられる。

例題 2 で用いた土試料を地盤材料の工学的分類方法に従って小分類まで分類せよ。

**解答**

この土試料は，例題 2 より石分がないことがわかっているので土質材料 Sm である。さらに，細粒分が 31%，砂分は 53%，礫分は 16% である。したがって砂分 ≧ 礫分なので，粗粒土の中の砂質土〔S〕，細粒分 ≧ 15% であるから細粒分まじり砂 {SF} と中分類される。さらに，礫分を 15% 以上含むため，細粒分質礫質砂（SFG）と小分類される。

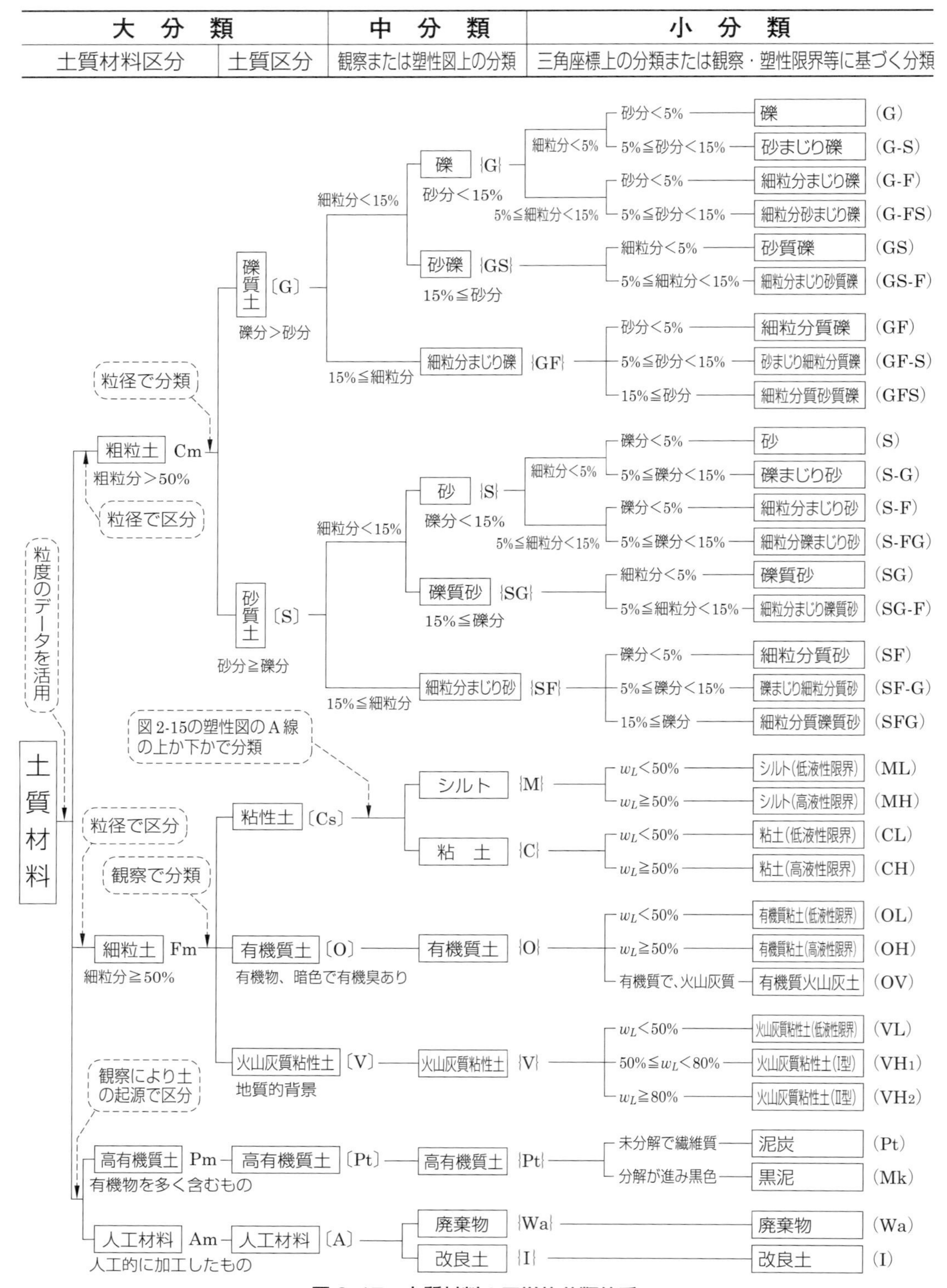


**図 2-17　土質材料の工学的分類体系**

(「地盤材料試験の方法と解説」(地盤工学会)による)

# 3 土の締固めの性質

機械的な方法で土に力を加えて，間げき中の空気を追い出し，土の密度を高めることを土の**締固め**[1]という。

[1] compaction

土を締め固めると土粒子相互の間隔が小さくなり，間げきが減少し，土の密度が大きくなる。そのため，沈下を少なくすることができ，水が通りにくくなることにより，雨水の浸入による土の軟化や膨張を防ぐことができる。また，土粒子どうしのかみ合わせがよくなることで，せん断抵抗が高まり，土構造物に必要な強さを与えることができる。

土の締固めは，その土の性質を改良する最も単純な方法であり，地盤改良工法の一つとしても位置づけられている。道路や鉄道および河川堤防の盛土をはじめ，山間地の土地造成における大規模な盛土，アースダムの築造などにおいて，土の締固めは最も重要な課題である。

## 1 土の締固めの性質とその試験

1933年，米国ロサンゼルス市の水道技師プロクター[2]は，同じ土に対し，含水比を変えて一定の仕事量で締固めを行うと，ある含水比のときに乾燥密度が最大になるという性質を発見した。プロクターは，図2-18に示すように，モールドのなかの土を，ランマーで突き固める試験によって，この性質をみつけた。

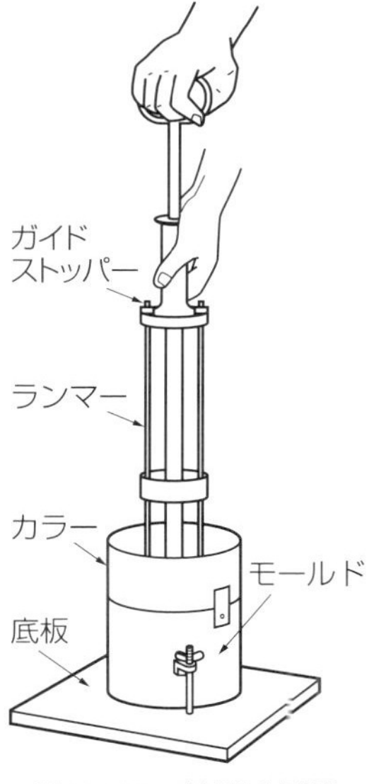

図 2-18　締固め試験

締固め試験の方法[3]は，モールドに何層かに分けて土を入れ，各層ごとにランマーで所定の回数突き固める方法で行われ，モールド内の土試料の質量から湿潤密度を求め，またその土試料の含水比を測定し，式(2-10)より乾燥密度を得る。この作業を含水比を変えて6〜8回繰り返し，含水比と乾燥密度の関係をグラフに描くと図2-19のような**締固め曲線**[4]が得られる。

この締固め曲線の頂点が示す乾燥密度の最大値を，**最大乾燥密度**[5] $\rho_{d\max}$ といい，このときの含水比を**最適含水比**[6] $w_{opt}$ という。最適含水比とは，ある土を一定の仕事量で締め固めた場合に，最もよく締め固まるときの含水比である。この状態で締め固められた土は，強

[2] Proctor
[3] プロクターの方法をもとにJIS A 1210(突固めによる土の締固め試験方法)で定められている。
[4] compaction curve; moisture-density curve
[5] maximum dry density
[6] optimum moisture content

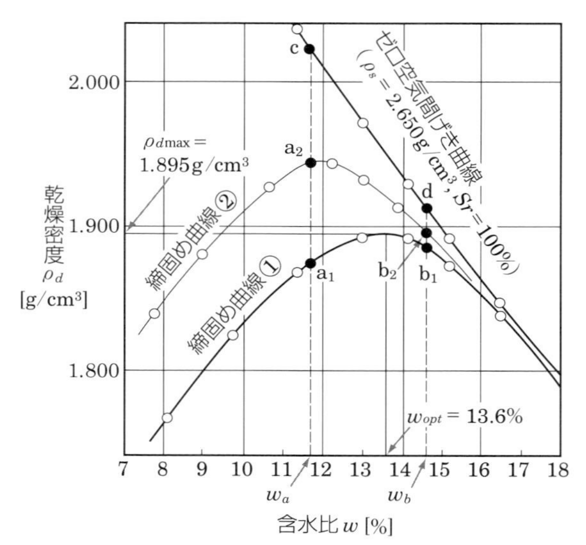


曲線①：小さな仕事量で締め固めた場合
曲線②：大きな仕事量で締め固めた場合

**図 2-19　締固め曲線**

さや圧縮性・透水性の面でよい状態になる。

## 1　締固め試験と締固め仕事量

最大乾燥密度や最適含水比は，土の種類や締固めの仕事量によって変わる。

試験に用いられる仕事量は，現場で用いられる大きな仕事量の締固めにも対応できるように，2 種類が定められている。また，試験に用いる土試料の最大粒径に応じて，内径 10 cm のモールド(内容積 1000 cm³)と 15 cm のモールド(内容積 2209 cm³)が用いられる。小さな仕事量で締め固める場合は質量 2.5 kg のランマーが，大きな仕事量で締め固める場合は質量 4.5 kg のランマーが用いられている。

2 種類の仕事量で，それぞれ締め固めた結果が，図 2-19 に示されている。この図の締固め曲線は，同じ土試料で仕事量を変えて行った結果を表している。

工事で用いる土試料の含水比が図 2-19 の $w_a$ の状態のとき，小さな仕事量で締め固めれば点 $a_1$ まで締め固まり，大きな仕事量ではさらに点 $a_2$ まで締め固まる。含水比が $w_b$ の状態のとき，小さな仕事量では点 $b_1$ まで締め固まり，大きな仕事量では点 $b_2$ まで締め固まるが，その値は点 $b_1$ とあまり変わらない。つまり，含水比 $w_b$ では，大きな仕事量を与えても小さな仕事量を超えた仕事量がほとんどむだになっていることがわかる。土によっては，大きな仕事量を与えれば土の状態をかえって悪くしてしまうこともある。このように，大きな仕事量で締め固めることによって，土の強さがかえって低下してしまう現象を**過転圧**[1]とよんでいる。一般に，含水比の高い粘性土や火山灰質粘性土を重いローラーで転圧したときに，この現象がみられる。

❶overcompaction

いま，図 2-19 の締固め曲線②の点 $a_2$ の状態よりさらに仕事量を加えて締め固めると，理論的には間げき中の空気が追い出されてなくなり，土粒子と水だけの状態，つまり飽和状態($S_r$ = 100%)になると考えられる。これが図の点 c，d の状態である。現実には，このような状態まで締め固めることは不可能であるが，任意の含水比において，飽和状態になるまで締め固められたとして得られる理論上の乾燥密度の点を結んだ曲線を**ゼロ空気間げき曲線**[2]という。

❷zero air voids curve

締固め曲線は，ゼロ空気間げき曲線の下に位置し，これより上にくることはない。このゼロ空気間げき曲線は，飽和度が $S_r$ = 100% のときの曲線を表しており，任意の飽和度を考えたときの飽和度一定曲線はこの曲線にほぼ平行に描かれる。最適含水比で締め固められた土は，一般に飽和度 $S_r$ が 90% 前後であることから，現場の締固めの管理に飽和度を用いることができる。

ある砂質土について段階的に含水比を変えて，突固めによる土の締固め試験を行ったところ，次の結果が得られた。

| 測定番号 | 1 | 2 | 3 | 4 | 5 | 6 | 7 |
|---|---|---|---|---|---|---|---|
| (湿潤土＋モールド)質量 $m_0$ [g] | 3 910 | 4 005 | 4 080 | 4 138 | 4 158 | 4 157 | 4 139 |
| 含水比 $w$ [%] | 8.1 | 9.8 | 11.4 | 13.0 | 14.2 | 15.2 | 16.5 |

ただし，使用したモールドは容積 $V = 1000\ \mathrm{cm^3}$，質量 $m_m = 2000$ g，また土試料の土粒子の密度は $\rho_s = 2.650$ g/cm³ である。締固め曲線を描き，最大乾燥密度 $\rho_{d\max}$ と最適含水比 $w_{opt}$ を求めよ。

それぞれの含水比に対する乾燥密度を計算すると，次のようになる。この乾燥密度と含水比の関係を図示すると，図 2-19 の締固め曲線①が得られる。

| 測定番号 | 1 | 2 | 3 | 4 | 5 | 6 | 7 | 備考 |
|---|---|---|---|---|---|---|---|---|
| 含水比 $w$[%] | 8.1 | 9.8 | 11.4 | 13.0 | 14.2 | 15.2 | 16.5 | |
| (湿潤土＋モールド)質量 $m_0$[g] | 3910 | 4005 | 4080 | 4138 | 4158 | 4157 | 4139 | |
| 湿潤土質量 $m$ [g] | 1910 | 2005 | 2080 | 2138 | 2158 | 2157 | 2139 | 上欄の数値からモールド質量 2000 g を引く。 |
| 湿潤密度 $\rho_t$ [g/cm$^3$] | 1.910 | 2.005 | 2.080 | 2.138 | 2.158 | 2.157 | 2.139 | 上欄の数値を土の体積 1000 cm$^3$ で割る。 |
| 乾燥密度 $\rho_d$ [g/cm$^3$] | 1.767 | 1.826 | 1.867 | 1.892 | 1.890 | 1.872 | 1.836 | 式(2-10)を用いる。 |

この締固め曲線①から，最大乾燥密度 $\rho_{d\max} = \mathbf{1.895\ g/cm^3}$，最適含水比 $w_{opt} = \mathbf{13.6\%}$ が得られる。

## 2 土の種類と締固めの特徴

土の種類によっても締固め曲線は大きく変化する。図 2-20(a)の粒径加積曲線を示すいろいろな土試料について，一定の仕事量で締固め試験を行った結果が，図(b)に示されている。いずれの土試料についても最大乾燥密度を示す点は，ゼロ空気間げき曲線にほぼ平行な線上にある。粒度分布のよい粗粒土ほど $\rho_{d\max}$ は大きく，$w_{opt}$ は小さく，締固め曲線の形状は鋭くなる(土試料①，②)。また，細粒土ほど $\rho_{d\max}$ は小さく，$w_{opt}$ は大きく，締固め曲線の形状はなだらかになる(土試料⑤)。

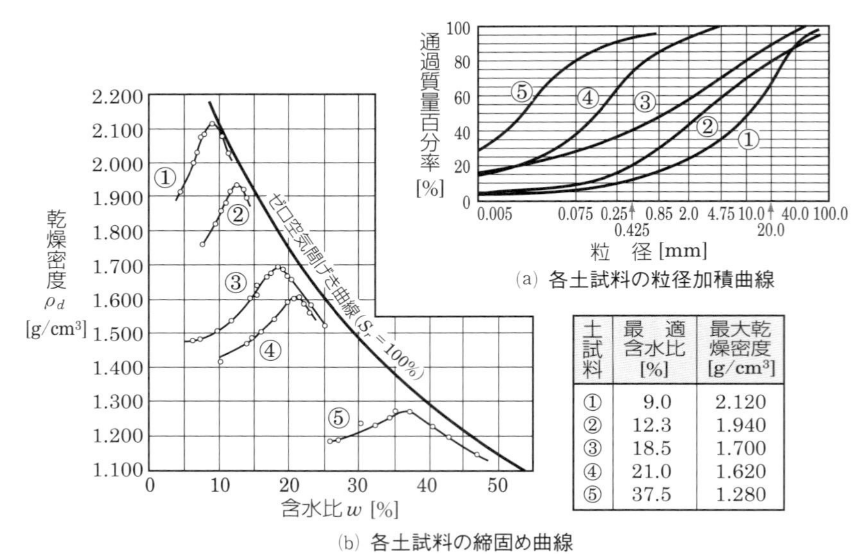


| 土試料 | 最適含水比 [%] | 最大乾燥密度 [g/cm$^3$] |
|---|---|---|
| ① | 9.0 | 2.120 |
| ② | 12.3 | 1.940 |
| ③ | 18.5 | 1.700 |
| ④ | 21.0 | 1.620 |
| ⑤ | 37.5 | 1.280 |

(b) 各土試料の締固め曲線

図 2-20　土の種類と締固め曲線

## 2 締め固めた土の判定

土を最適含水比の状態で締め固めると，工学的にひじょうによい性質を示すことを学んだ。道路やアースダムのような盛土を主体とする工事現場では，用いる材料土の含水比を管理しながら施工し，締め固めたのちの土の状態が，締固め試験で得られた最大乾燥密度にできるだけ近くなるように締固めを行っている。この場合，施工管理でよく用いられているのが，**締固め度**[❶]を用いる方法である。

$$\text{締固め度} = \frac{\text{現場で測定された乾燥密度 } \rho_d}{\text{締固め試験で得られる最大乾燥密度 } \rho_{d\max}\text{❷}} \times 100 \quad [\%] \qquad (2\text{-}25)$$

道路の盛土は，一般に締固め度が90%以上になるように施工されている。また，多くの試験結果から，締め固めた土の最大乾燥密度の状態は，飽和度85～95%，空気間げき率[❸]10～20%の範囲にはいっていることが知られており，現場での土の締固めの管理に飽和度や空気間げき率を測定して施工管理する方法もある[❹]。

## 3 CBR 試験

### 1 CBR 試験

土の締固めの程度を土の強さの面から調べる代表的な方法に，CBR **試験**がある。

この試験から，締め固められた土の強さを表すCBR[❺]が求められる。この値は，標準材料の強さに対して，締め固められた土の強さがその何パーセントであるかを示している。CBRは，内径15 cmのモールドを用い，所定の仕事量で締め固めた土に，直径5 cmの貫入ピストンを一定速度で押し込み，2.5 mm貫入したときの荷重強さを測定することによって，次式から求められる。

$$\mathrm{CBR} = \frac{\left(\begin{array}{c}\text{締め固めた土に貫入ピストンを 2.5 mm}\\ \text{貫入したときの荷重強さ [MN/m}^2]\end{array}\right)}{\text{標準荷重強さ 6.9 [MN/m}^2]\text{❻}} \qquad (2\text{-}26)$$

❶degree of compaction

❷路床や路盤に対しては，大きな仕事量で締め固めた場合に得られる $\rho_{d\max}$ が用いられる。また，道路の盛土に対しては，小さな仕事量で締め固めた場合に得られる $\rho_{d\max}$ が用いられる。

❸空気間げき率 $n_a$ は，土全体の体積における空気の占める割合を表し，図2-3において

$$n_a = \frac{V_a}{V} \times 100 \ [\%]$$

で与えられる。

❹含水比の高い粘性土や火山灰質粘性土は，最適含水比 $w_{opt}$ より自然含水比が高いことから，仕事量を調整して締め固め，飽和度や空気間げき率の条件を満たすように施工される。

❺California Bearing Ratio

❻標準材料のクラッシャーラン（割放し砕石）を内径15cmのモールドを用いて，JIS A 1210の大きいほうの仕事量で締め固める。
　それに直径5 cmの貫入ピストンが2.5 mm貫入するのに要する荷重強さを多数求め，これらのデータから基準値として決められたものである。

## 2 設計 CBR と修正 CBR

道路の舗装のうち，アスファルト舗装は，図 2-21 のような構造になっている。

この舗装を設計・施工する場合，設計 CBR および修正 CBR が用いられる。

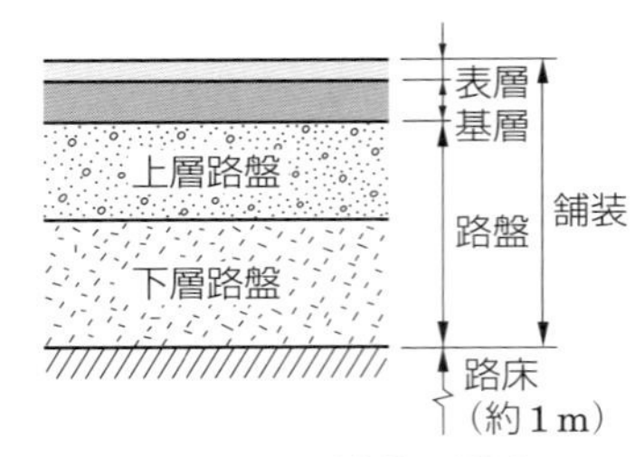


図 2-21　舗装の構造

設計 CBR は，路床を構成している土の強さを表すのに用いられ，この値によって舗装の厚さが設計される。これは，同一舗装厚で施工する予定区間のいくつかの地点の路床表面より深さ 50 cm のところから採取した土試料を，自然含水比の状態で内径 15 cm のモールドと 4.5 kg のランマーを用い，3 層に分けて各層 67 回ずつ突き固める。次に，4 日間水浸したのち，各地点の CBR を求め，それらの CBR から設計 CBR が得られる。

修正 CBR は，路盤をつくる材料土の良否を判定するのに用いられる。用いる材料土を最適含水比の状態にしたのち，4.5 kg のランマーで，3 層に分けて各層を 92 回ずつ突き固めた場合，42 回ずつ突き固めた場合，17 回ずつ突き固めた場合について，それぞれ 4 日間水浸したのちの CBR を求める。次に，乾燥密度とこれらの CBR の関係を図示し，3 層 92 回ずつ突き固めた場合の最大乾燥密度の 95% に対する CBR から，修正 CBR が得られる。

# 第2章　章末問題

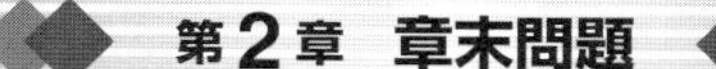

**1.** ある飽和粘土の供試体の体積と質量は，それぞれ 61.04 cm³，105.6 g であった。この粘土を 110℃ で炉乾燥したところ，70.6 g になった。この粘土の含水比 $w$，湿潤密度 $\rho_t$，乾燥密度 $\rho_d$，間げき比 $e$，間げき率 $n$ および土粒子の密度 $\rho_s$ を求め，この場合の土の構成図を描け。

**2.** 1 m³ の質量が 1.76 t である湿潤土の含水比と土粒子の密度は，$w = 10.0\%$，$\rho_s = 2.680$ g/cm³ であった。この土の湿潤密度 $\rho_t$，乾燥密度 $\rho_d$，間げき比 $e$，飽和度 $S_r$ を求めよ。また，この土が飽和した場合の飽和単位体積重量 $\gamma_{sat}$ および水中単位体積重量 $\gamma'$ を求めよ。

**3.** ある地山の土を採取し体積と質量を測定したところ，それぞれ $V = 60.38$ cm³，$m = 108.68$ g であり，これらの炉乾燥後の質量は $m_s = 96.10$ g になった。また，土粒子の密度試験の結果は $\rho_s = 2.690$ g/cm³ であった。この性質が一様であると仮定して土を $V = 160\,000$ m³ 掘削して，そのままの含水比で盛土を造成することになった。なお，盛土の乾燥密度 $\rho_{d1} = 1.700$ g/cm³ として計算せよ。

(1)　地山の土の含水比 $\omega$，湿潤密度 $\rho_t$，乾燥密度 $\rho_d$ を求めよ。

(2)　地山の土の間げき比 $e$ と盛土の間げき比 $e_1$ を求めよ。

(3)　盛土の体積 $V_1$ を求めよ。

(4)　盛土の飽和度 $S_{r1}$ を求めよ。

**4.** ある土試料について粒度試験を行ったところ，下記のような結果が得られた。土試料の粒径加積曲線を描き，有効径 $D_{10}$，均等係数 $U_c$，曲率係数 $U_c'$ を求めよ。また，この土試料を図 2-10 の三角座標によって分類せよ。

| | 粒　径 [mm] | 通過質量百分率 [%] | | 粒　径 [mm] | 通過質量百分率 [%] | | 粒　径 [mm] | 通過質量百分率 [%] |
|---|---|---|---|---|---|---|---|---|
| ふるい分析 | 9.50 | 100.0 | ふるい分析 | 0.425 | 47.5 | 沈降分析 | 0.045 | 15.0 |
| | 4.75 | 92.5 | | 0.250 | 38.5 | | 0.030 | 10.0 |
| | 2.00 | 79.0 | | 0.106 | 26.0 | | 0.020 | 6.0 |
| | 0.85 | 61.0 | | 0.075 | 21.0 | | 0.009 | 1.0 |

**5.** ある土試料について，液性限界試験・塑性限界試験を行って以下の結果が得られた。この土試料の液性限界 $w_L$，塑性限界 $w_p$ および塑性指数 $I_p$ を求めよ。また，塑性図による土の分類名を求めよ。

液性限界試験

| 落下回数 | 32 | 27 | 21 | 16 |
|---|---|---|---|---|
| 含水比 $w$ [%] | 82.2 | 83.2 | 84.8 | 86.7 |

塑性限界試験

| 試験回数 | 1 | 2 | 3 |
|---|---|---|---|
| 含水比 $w$ [%] | 29.8 | 28.9 | 30.1 |

**6.** 図 2-9 の曲線②，④で表される二つの土試料について，液性限界試験・塑性限界試験を行って右の表の結果が得られた。この二つの土試料を土質材料の工学的分類方法によって，それぞれ分類せよ。

| 土試料番号 | 液性限界 $w_L$ [%] | 塑性限界 $w_p$ [%] |
|---|---|---|
| ② | 41.0 | 30.0 |
| ④ | 55.0 | 36.0 |

**7.** ある土試料について，2.5 kg のランマーと容積 1000 $cm^3$ のモールドを用い，JIS A 1210 による小さな仕事量(3 層に分け，各層 25 回ずつ突き固める)で締固め試験を行い，次の結果が得られた。

| 測定番号 | 1 | 2 | 3 | 4 | 5 | 6 | 7 | 8 |
|---|---|---|---|---|---|---|---|---|
| 含水比 $w$ [%] | 13.9 | 16.1 | 19.8 | 22.4 | 24.1 | 25.9 | 27.6 | 30.9 |
| (湿潤土＋モールド)質量 $m_0$ [g] | 3633 | 3692 | 3830 | 3921 | 3946 | 3955 | 3942 | 3899 |

ただし，モールド質量は $m_m = 2025$ g，用いた土試料の土粒子の密度は $\rho_s = 2.710$ g/$cm^3$ である。各含水比に対する乾燥密度を計算し，締固め曲線を描き，最大乾燥密度 $\rho_{d\max}$，最適含水比 $w_{opt}$ を求めよ。

# 土中の水の流れと毛管現象

止水壁の下をまわるインキの流れ

土の間げきに含まれている水のうち，間げき内を移動する水は，移動の過程で土に与える作用によって，土木工事上問題となることが多く，また土中の水の移動のしやすさである透水性の知識を得ることはたいせつである。

また，土の透水性は，地盤中や土でつくられたダムなどの堤体を浸透する水量などを考えるうえで重要である。毛管作用による水の移動は，地盤の凍結との関係でたいせつである。

この章では，土の透水性や毛管現象についての基礎的な内容について学ぶ。なお，地下水が移動する過程で土に与える作用については，第４章の地中の応力で学ぶ。

- 土中に含まれている水にはどのようなものがあるのだろうか。
- 土中の水はどのように移動するのだろうか。
- 土中を浸透する水量はどのように計算するのだろうか。

# 1 土中の水の流れと透水性

地表に降った雨や雪は，河川として地表面を流れるほか，図 3-1 に示すように，地中に浸透し土中を流れ，土中にさまざまな影響を与えている。

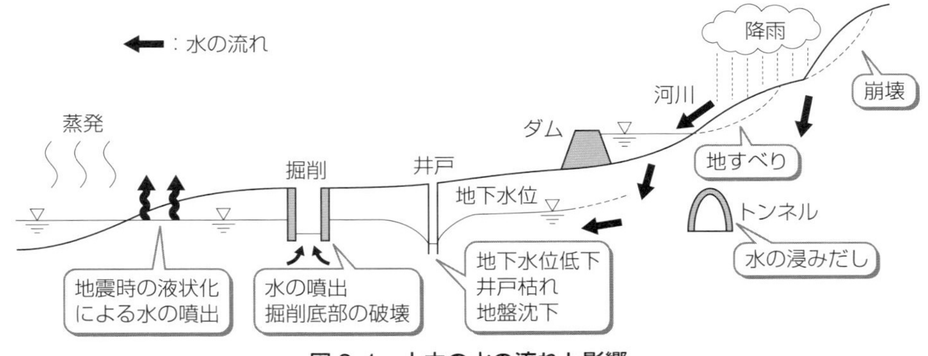


図 3-1　土中の水の流れと影響

自然状態にある土の間げき中に含まれる水は，図 3-2 に示すように重力の作用によって間げき中を自由に移動する**自由水**[1]，土中の無数の間げきに発生する毛管現象により保持されている**毛管水**[2]，土粒子の表面に薄く固着している**吸着水**[3]に分けられる。

土中に含まれる水のうち，自由水は重力によって間げき内を自由に移動できるので，**重力水**[4]ともいい，ふつう地盤内では，ある水面をもった地下水として存在している。雨水などが土の間げき内を地下水面まで流れる水も重力水というが，ここでは地下水だけを考えている[5]。自由水が土中を移動することを，**透水**または**浸透**といい，その移動のしやすさを土の**透水性**[6]という。

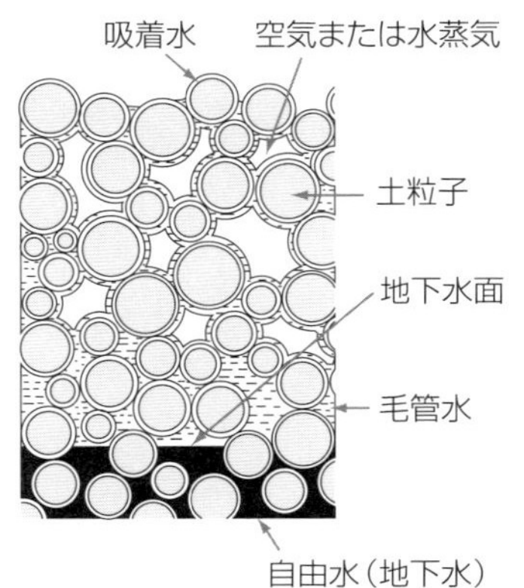


図 3-2　土中に含まれる水の種類

❶free water

❷capillary water

❸absorbed water；
粘性や表面張力が大きく，凍結点が低く，沸点が高いので，100℃ 以上に熱して，はじめて蒸発する。

❹gravitational water

❺土の間げきは連続しているので，土中の自由水や地下水は，一般にその間げきを自由に移動できるものと考える。

❻permeability

## 1 土中の水の流れ

いま，図 3-3 のような点 a と点 b の間に水頭差 $h$ を与えた場合の土中の水の流れを考える。この土試料は水で飽和されており，点 c，点 d にそれぞれの水位を測定するための**ピエゾメーター**[7]がたて

❼土中の水位を測定できるように考案された細いガラスなどの管である。

られている。点aと点bで測定された水頭[1]が同じ場合には，土試料内の水には流れは生じないが，図のように水頭差 $h$ があれば，水頭の高いほうから低いほうへ水は流れる。図の点aから点bへの矢線は，一つの流れの経路を表し**流線**[2]とよばれる。

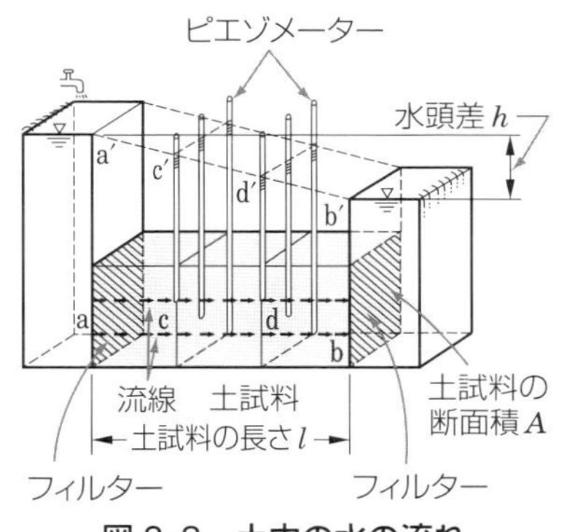


図 3-3　土中の水の流れ

この流線に沿って，さらにいくつかのピエゾメーターをたてると，水頭が点a′から点b′に向かって直線的に低下していることが観察される。ここで，点aと点bの水圧の差は，水の単位体積重量 $\gamma_w$ に水頭差 $h$ を掛けた $\gamma_w h$ で得られる。この差が，点a，点b間を通じて水を動かす圧力となる。この圧力は，水の浸透する力で，その分だけまわりの土粒子が圧力を受けることになるので**浸透水圧**[3]という。

❶water head：
水頭とは，水のもつエネルギーを液柱の高さに置き換えたものである。ここではピエゾメーターが示す水位を水頭としている。

❷streamline

❸seepage pressure

## 2　ダルシーの法則と透水係数

いま，図3-3における水頭差 $h$ を土試料の長さ(流線の長さ) $l$ で割ったものを**動水勾配**(こうばい)[4] $i$ といい，次式で表される。

$$i = \frac{h}{l} \qquad (3\text{-}1)$$

❹hydraulic gradient

水頭差 $h$ は，水が流れようとするエネルギーの大きさを表しており，動水勾配 $i$ は，流線の単位長さあたりのエネルギーの大きさを示すことから，$i$ が大きいと，それだけ水の流れようとする勢いが強いことになる。

この水の流れを，地下水の場合について考えると，地下水は，小さな間げきをぬって流れることから，流速は小さく，流れは層流[5]であるといわれている。水の流れが層流であるかぎり，動水勾配 $i$ と，土試料中を流れる水の流速 $v$ とは比例する。これを**ダルシーの法則**[6]といい，比例定数を $k$ とすると，

$$v = ki \qquad (3\text{-}2)$$

❺laminar flow：
流速の小さな水の流れにインキを細い管から静かに注入すると，インキが糸を引いたように線状に流れる。このように，周囲と混ざり合わない流れを層流という。

❻Darcy's law：
ダルシーの法則は，フランスの上水道技師ダルシー(Darcy)が1856年に，砂中の水の移動に式(3-2)のような関係があることを発見したことから名づけられた。

となる。このkを**透水係数**[1]といい，間げき比や粒度など土の間げきの状態によってさまざまな値を示す。水を通しにくい粘土では，kの値はきわめて小さく，水を通しやすい砂では，大きな値を示す。このkの値によって，土の透水性の大小が表される。

図3-3において，流線に直角な土試料の断面積を$A$とすれば，単位時間あたりの透水量$q$は，次式で表される。

$$q = vA = kiA \qquad (3\text{-}3)$$

すべての土は透水性をもっているが，式(3-3)において，動水勾配$i$および断面積$A$が同じであるいろいろな土を考えたとき，透水量$q$の大きさは，透水係数$k$によって決まることがわかる。そのため，土木工事において，土中の水の流れを考える場合には，まず，土の透水係数を知ることが必要である。表3-1に，土の種類別による透水係数のおよその範囲を示す。

**表3-1　土の透水性および適用される透水試験**

透水係数$k$ [m/s]

$10^{-11}$　$10^{-10}$　$10^{-9}$　$10^{-8}$　$10^{-7}$　$10^{-6}$　$10^{-5}$　$10^{-4}$　$10^{-3}$　$10^{-2}$　$10^{-1}$　$10^{0}$

| 透水性 | 実質上不透水 | ひじょうに低い | 低い | 中位 | 高い |
|---|---|---|---|---|---|
| 対応する土の種類 | 粘性土 | 微細砂，シルト<br>砂-シルト-粘土混合土 | | 砂および礫 | 清浄な礫 |
| 透水係数を直接測定する方法 | 特殊な変水位透水試験 | 変水位透水試験 | | 定水位透水試験 | 特殊な変水位透水試験 |
| 透水係数を間接的に測定する方法 | 圧密試験結果から計算 | なし | | 清浄な砂と礫は粒度と間げき比から計算 | |

(「地盤材料試験の方法と解説」(地盤工学会)による)

## 3　土の透水試験

土の透水係数の値を測定する方法には，**室内透水試験**と，自然地盤で測定する**現場透水試験**とがある。

室内透水試験には，**定水位透水試験**と**変水位透水試験**がある。現場透水試験には，その代表的なものとして**揚水試験**がある。

これらの試験は，土の種類などによって試験結果の信頼性が異なるので，それぞれの土に適応した試験方法を選択する必要がある。土の透水性に応じて，いろいろな透水試験が適用されるおよその範囲を表3-1に示す[2]。

[1] coefficient of permeability；
単位は，m/sで表すことが多い。

[2] 透水試験方法の適用の範囲には，次式によって粒度との関係から推定することもできる。
ヘーズン(Hazen)の式
$$k = CD_{10}^{2} \times \frac{1}{100}\ [\mathrm{m/s}]$$
$C$：ヘーズンの定数
≒ $100(\mathrm{cm \cdot s})^{-1}$
$D_{10}$：有効径[cm]

一般に，室内透水試験は，道路・堤防・アースダム・土地造成・埋立地など，これらに用いる土の透水性を予測するときなどに，締め固めた土試料について適用されることが多い。現場透水試験は，自然地盤のある範囲の土層の平均的な透水性を知りたいときなどに適用される❶。

❶自然地盤の透水性を知りたいとき，地盤から乱さない土試料を採取して，室内透水試験が実施されることもある。しかし，採取などにともなう乱れの影響があったり，地盤が均質でないことから，採取した土試料から得られる透水係数 $k$ の値は，地盤を代表しているかどうかわからないため，信頼性は低い。

## 1 定水位透水試験

この試験は，透水性の高い粗粒土に用いられる。

図 3-4 のように，あらかじめ土試料中の空気を抜き，飽和させた長さ $l$ [cm] の円柱形の土試料を用い，水頭差 $h$ [cm] を一定に保ち，動水勾配 $i$ が一定のもとで，一定時間 $t$ [s] の間の透水量 $Q$ [cm³] を測定し，この土試料の断面積を $A$ [cm²] とすると，透水係数 $k$ は式(3-3)から，次式で与えられる。

$$\boldsymbol{k} = \frac{\boldsymbol{q}}{\boldsymbol{Ai}} \times \frac{1}{100} = \frac{\boldsymbol{Q/t}}{\boldsymbol{A \cdot h/l}} \times \frac{1}{100} = \frac{\boldsymbol{Ql}}{\boldsymbol{Ath}} \times \frac{1}{100} \quad [\mathrm{m/s}] \quad (3\text{-}4)$$

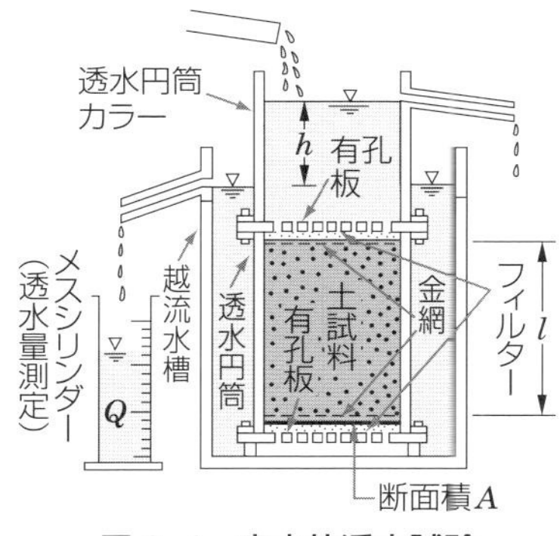

図 3-4　定水位透水試験

## 2 変水位透水試験

この試験は，比較的透水性の低い細砂やシルト質土に用いられる。

図 3-5 に示すスタンドパイプの水位は，水が断面積 $A$ [cm²]，長さ $l$ [cm] の円柱形の土試料を透水するに従って下がる。あらかじめ土試料中の空気を抜き，土試料を飽和させたのち，適当な時間 $t_1$ [s] から $t_2$ [s] の間にスタンドパイプの水位が $h_1$ [cm] から $h_2$ [cm] に下がるのを観測すれば，土試料の透水係数 $k$ は，次式で求められる。

$$\boldsymbol{k} = \frac{\boldsymbol{2.303\,al}}{\boldsymbol{A(t_2 - t_1)}} \boldsymbol{\log_{10}} \frac{\boldsymbol{h_1}}{\boldsymbol{h_2}} \times \frac{1}{100} \quad [\mathrm{m/s}] \quad (3\text{-}5)$$

$a$：スタンドパイプの断面積 [cm²]

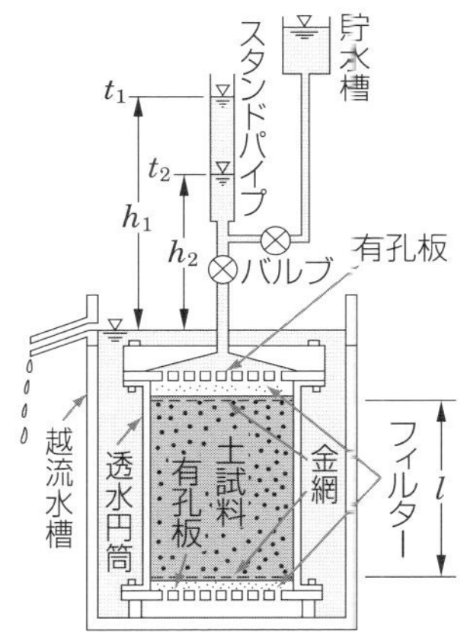

図 3-5　変水位透水試験

なお，粘土のようなきわめて透水性の低い土の透水係数は，第 5 章で学ぶ圧密試験(p. 78)の結果を利用して間接的に測定される。

## 3 揚水試験

地盤において，地下水が流れている層を**帯水層**❷とよぶ。帯水層に地下水が存在する状態には，次の二つの場合がある。図 3-6 のよう

❷aquifer

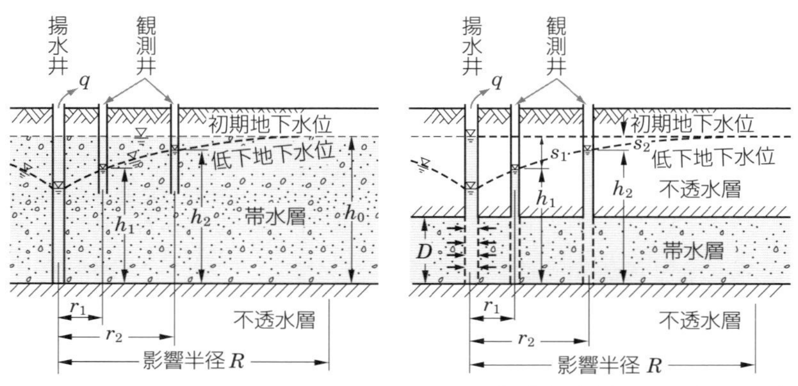


**図 3-6　揚水試験**（自由地下水の場合）　**図 3-7　揚水試験**（被圧地下水の場合）

に，帯水層内に地下水位がある**自由地下水**❶（**不圧地下水**❷）の場合と，図 3-7 のように，帯水層の上部に粘土層などの不透水層があり，地下水位が帯水層上端より高い**被圧地下水**❸の場合である。

❶free groundwater
❷unconfined groundwater
❸confined groundwater

自由地下水の場合の揚水試験は，図 3-6 のように，中心となる揚水井（直径 15 cm 以上）と 2 本以上の観測井を設ける。揚水井から単位時間あたり一定量の水をくみ上げながら，揚水井および観測井の地下水位がそれぞれある一定の水位に落ち着いたときに水位を測定する。そのときの観測井の水位の低下量と単位時間あたりの揚水量 $q$ [cm³/s] とから，自由地下水の場合の帯水層の透水係数 $k$ は，次式で求められる。

$$\boldsymbol{k} = \frac{2.303\,\boldsymbol{q}}{\pi(\boldsymbol{h}_2{}^2 - \boldsymbol{h}_1{}^2)} \log_{10}\frac{\boldsymbol{r}_2}{\boldsymbol{r}_1} \times \frac{1}{100} \quad [\mathrm{m/s}] \qquad (3\text{-}6)$$

$h_1$，$h_2$：揚水井から $r_1$ [cm] および $r_2$ [cm] の距離にある観測井の地下水位 [cm]

同様に，被圧地下水である図 3-7 の場合における帯水層の透水係数 $k$ は次式で求められる。

$$\boldsymbol{k} = \frac{2.303\,\boldsymbol{q}}{2\pi\boldsymbol{D}(\boldsymbol{h}_2 - \boldsymbol{h}_1)} \log_{10}\frac{\boldsymbol{r}_2}{\boldsymbol{r}_1} \times \frac{1}{100} \quad [\mathrm{m/s}] \qquad (3\text{-}7)$$

図 3-6, 7 からもわかるように，揚水井からある距離以上離れたところでは，揚水による地下水位の影響はなくなる。この揚水による地下水位の影響のない点までの距離 $R$ を**影響半径**❹という。$R$ は一般に自由地下水で 500〜1000 m，被圧地下水で 1000〜2000 m くらいであるといわれている。

❹influence circle

# 4 透水量の計算

透水する断面積がはっきり決定できる場合の透水量は，式(3-3)から計算できる。しかし，水がアースダムなどの堤体やその地盤を浸透するとき，また止水壁の下をまわって浸透するときなどの透水断面積が決めにくい場合は，流線網を利用することによって，透水量が求められる。

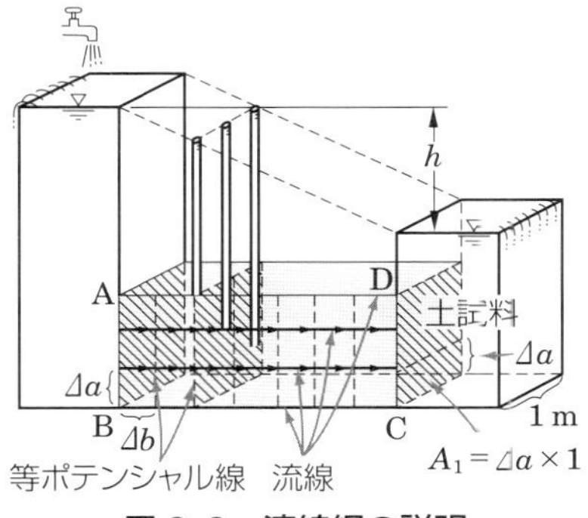

図 3-8　流線網の説明

**流線網**[1]は，水頭差によって土中に生じる水の流れの経路を示す流線と，流線上の水頭の等しい点を結んだ**等ポテンシャル線**[2]との曲線群とからなっている。

いま，流線網を図 3-3 の場合について描いてみると，図 3-8 のようになる。この図において，土試料の透水係数を $k$ [m/d][3]，水頭差を $h$ [m] とした場合を例に透水量を計算してみる。

(1)　上流側の水頭の等しい AB と，下流側の水頭の等しい CD との間の水頭差を等分割して等ポテンシャル線を描く。この分割した一つの間隔を $\Delta b$ として，等ポテンシャル線ではさまれた帯の数を $N_d$ 個とする。

(2)　これらの等ポテンシャル線に直交する流線を，網目が正方形になるように試行によって描く。このとき，隣りあう流線の間隔を $\Delta a$ として，流線ではさまれた帯の数を $N_f$ とする。ここで，AD と BC はそれぞれ流線を示している。

(3)　図の一つの網目を考えると奥行単位長さ(1m)あたりの透水量 $q_1$ は，式(3-3)から，

$$q_1 = kiA_1 = k \times \frac{\frac{h}{N_d}}{\Delta b} \times \Delta a \times 1 = k\frac{h}{N_d}\frac{\Delta a}{\Delta b} \ [\mathrm{m^3/d}] \qquad (3\text{-}8)$$

となり，網目は正方形に近いので $\Delta a \fallingdotseq \Delta b$ であるから，

$$q_1 = k\frac{h}{N_d} \ [\mathrm{m^3/d}] \qquad (3\text{-}9)$$

となる。水は連続して流れているため，一つの網目の透水量は，流線ではさまれる流路帯 1 本の透水量そのものであるから，式(3-9)で流路帯 1 本の奥行単位長さ(1 m)あたりの透水量が求められる。

[1] flow net
[2] equipotential line
[3] 現地の透水量は，d(1 日：day)の単位で計算する場合が多いため，透水係数の単位は，[m/s] から [m/d] の単位に換算している。

(4)　全体の透水量$q$は，流路が$N_f$個あるため，次式で求められる。

$$q = N_f q_1 = kh\frac{N_f}{N_d} \quad [\mathrm{m^3/d}] \qquad (3\text{-}10)$$

いま，図3-9は，透水層の一部に止水壁を打ち込み，止水している場合について流線網を描いたものである。この図のAEC，FGは流線を示しており，ABは水頭$h$の，CDは水頭0の等ポテンシャル線を示している。水は，ABからCDに向かって浸透していくので，この間を流線と等ポテンシャル線が直交するように，試行によって描く。このように描かれた流線網による網目は，正方形とはならないが，横と縦の長さがほぼ等しくなるように，あるいは四辺形に円が内接するように描く。

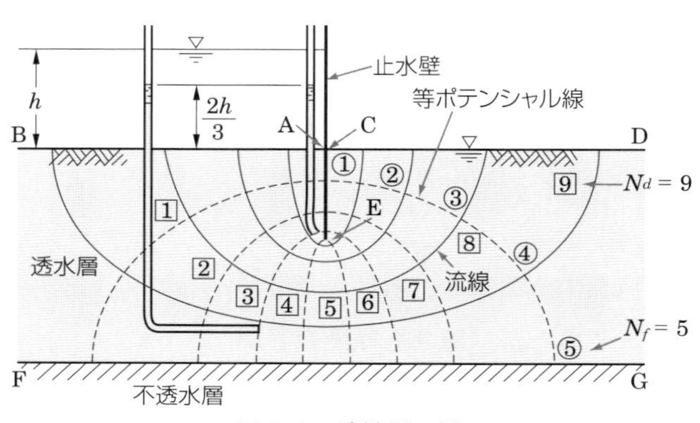

図3-9　流線網の例

流線網を利用することによって，図3-10に示すような複雑な浸透の場合にも，透水量を求めることができる。ここで，図(b)のように，堤体を浸透する水の自由水面を**浸潤面**[1]とよぶ。

[1] seepage surface；図3-10(b)の浸潤面は，点Cから等ポテンシャル線ACに対して直角にはいり，放物線DEに徐々に近づくような形になる。

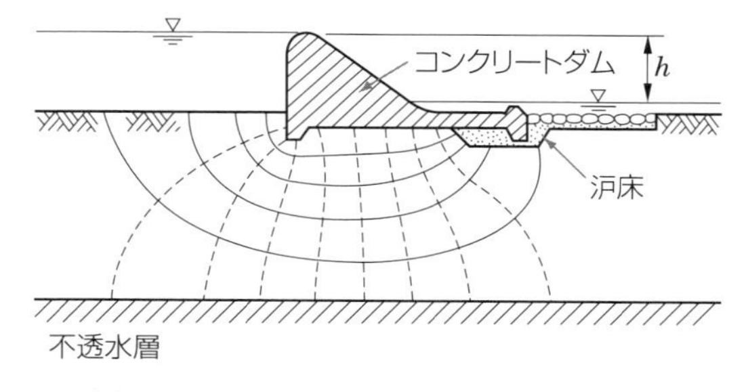

(a)　均質な砂地盤の流線網（$N_f=5$, $N_d=9$）

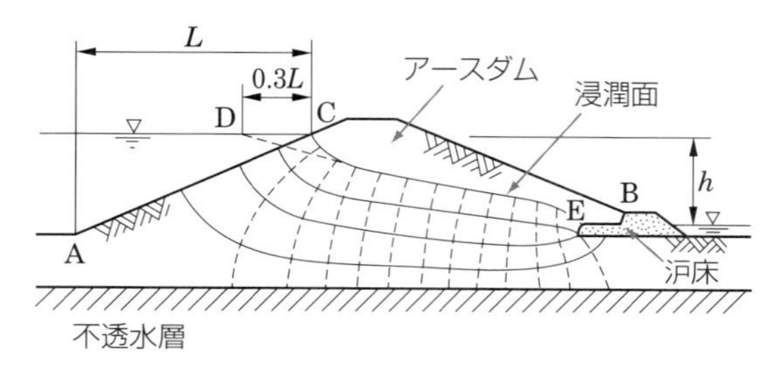

(b)　細砂でつくられた均質なダムの流線網（$N_f=4$, $N_d=13$）

図3-10　流線網の例

**例題 1**

図 3-11 のように，堤防の下に透水係数が $k = 2.64 \times 10^{-4}$ m/s で，厚さが 1 m の砂層があり，河川敷の洗掘された箇所からその砂層を通って堤内地へ漏水している。洗掘地点から漏水地点までの距離は 50 m とする。堤防の奥行単位長さ(1 m)あたりについて，1 日の漏水量 $q$ [m³/d] はいくらか。

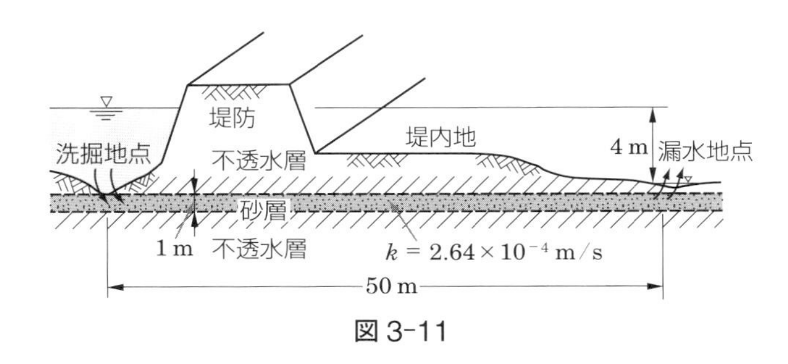


図 3-11

**解答**

漏水量は 1 日あたりで求めることから，透水係数の単位を m/d になおす。

$$k = 2.64 \times 10^{-4} \text{ m/s} = 2.64 \times 10^{-4} \times 60 \times 60 \times 24 \text{ m/d}$$
$$= 22.8 \text{ m/d}$$

透水断面は，砂層の厚さ 1 m と堤防の奥行 1 m から，$A = 1$ m² となる。動水勾配は $h = 4$ m，$l = 50$ m であるから，$i = \dfrac{h}{l} = \dfrac{4}{50} = 0.08$ となり，漏水量 $q$ は式(3-3)から，

$$q = kiA = 22.8 \times 0.08 \times 1 = \mathbf{1.82\ m^3/d}$$

**例題 2**

図 3-9 に示した地盤において，透水層の透水係数 $k = 3.89$ m/d，水頭差 $h = 3$ m のとき，止水壁の下をまわって浸透する水量 $q$ [m³/d] を，図の流線網を利用して求めよ。

**解答**

図 3-9 において，$N_f = 5$，$N_d = 9$ と読み取れる。したがって，式(3-10)から浸透水量 $q$ は，

$$q = kh\frac{N_f}{N_d} = 3.89 \times 3 \times \frac{5}{9} = \mathbf{6.48\ m^3/d}$$

## 地下ダム

川の水をせき止めることによって貯水するダムは，私たちの生活に欠かせない水の供給に役立っている。しかし，海上に浮かぶ離島などのように，水源となる川が存在しにくいところもある。このようなところでは，地上に降った雨のうち，地中に浸透した地下水を利用する方法が考えられている。これは，図 3-12 のように，地盤内にダムの働きをもつ止水壁をつくり，地下水をせき止めて貯水し，その水を利用するもので，地下ダムとよばれている。

この地下ダムは，現在，わが国では，数か所で建設され，利用されている。なかでも，沖縄県宮古島では，皆福ダム，砂川ダム，福里ダムが建設され，農業用水として利用されている。

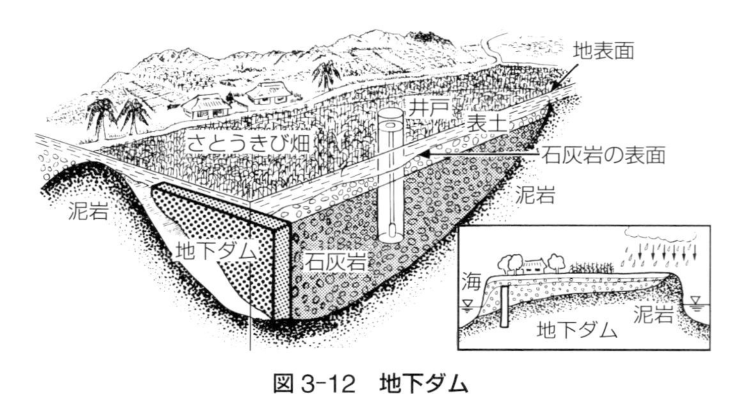


図 3-12　地下ダム

# 2 毛管現象と土の凍上

## 1 土の毛管作用

細いガラス管を水中に直立させると，水は管内を上昇し，水位が一定の高さに達して止まる。この水位が上昇する高さは，管が細いほど大きい。これは，水の表面張力によって起こる現象で，**毛管現象**[1]といい，上昇した水位の高さを**毛管上昇高**[2]という。

[1] capillarity
[2] capillary height

土の間げきは連続しているので，土中には多数の毛管が網の目のように存在すると考えられる。このことから，土中においても毛管現象が生じることがわかる。土の間げきは円管状ではなく，さまざまな大きさと形態をとるので，毛管上昇高は一定ではない。そこで，平均的にみた土中の毛管上昇高 $h_c$ を，近似的に次式で求めている。

$$h_c = \frac{C}{eD_{10}} \quad [\mathrm{cm}] \tag{3-11}$$

$C$：土粒子の粒径および表面の粗さなどで決まる定数で，0.1～0.5の範囲で変化する値 [cm$^2$]，
$e$：間げき比，$D_{10}$：有効径 [cm]

毛管作用によって吸い上げられた水は，表面張力によってまわりの土粒子をたがいに引きつける働きをする。このとき，土粒子間に働く圧力は，その分だけ増加する。この圧力を**毛管圧**[3]という。

[3] capillary pressure；毛管圧は，毛管上昇高 $h_c$ に水の単位体積重量 $\gamma_w$ をかけて得られる。その圧力は，大気圧より低い圧力，すなわち負圧を示す。

不飽和の状態にある土が，毛管作用によって水分を保持している力を土の**サクション**[4]といい，これは毛管圧に等しい。サクションは土の含水比が下がると増加する。

[4] suction

## 2 土の凍上

冬期に低温気象となる寒冷地では，気温が氷点下の状態で長い時間継続するため，土中の水分が凍結する。

土中の水が凍結すれば，その部分の含水比はみかけ上減少するから，サクションが増大して土中の水の移動が生じる。図 3-13 に示すように，土中で凍結の生じた上層と，まだ凍結の起こっていない

下層との間に水分の移動が生じ，水分が上昇して凍結が進む。したがって，土の上層部付近にはきわめて多量の水が集まる。

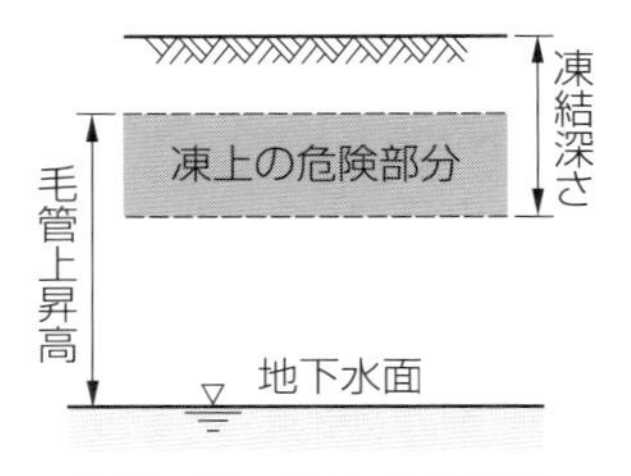


図 3-13　凍上の危険性

土中の水が凍結すれば，体積が膨張するので地表面がもち上がる❶。この現象を土の**凍上**❷といい，舗装面の下でこのようなことが起これば，図3-14のように舗装に有害な変形を与える。また，凍結部分が融解すれば多量の水分が一時に出るので，軟弱化し支持力を失う。そのため，凍上の起こる寒冷地では，路盤や路床の凍上を防ぐ対策を講じておく必要がある。砂や礫では，透水性は高いが毛管上昇高が低いので，凍上はあまり起こらない。一方，粘土では，毛管上昇高は高いが透水性が低いため，水分の補給がうまくいかないので，あまり大きな凍上が起こることはない。これに対して，シルト質の土は，毛管上昇高が高く，また，透水性が粘土に比べてかなり高いため，凍上の危険性はきわめて大きい。

❶水が凍結すれば，その体積は約9%増加する。土の体積増加量は水自体の体積増加量より大きくなり，地表面が20 cm以上ももち上がることがある。

❷frost heaving

道路工事を行う場合，凍上の対策が必要であるとき，次のような方法が用いられる。

図 3-14　凍上による道路のひび

(1)　凍上性の路床を改良するため，必要な深さまで，凍上の起こりにくい材料土と置き換える。この方法は**置換工法**とよばれ，よく用いられる。

(2)　凍上性の路床土の温度低下を少なくするため，路盤の下に断熱層を設ける。この方法は**断熱工法**とよばれ，断熱層として板状の発泡ポリスチレンが用いられる。

(3)　凍上性の土にセメントや石灰を混ぜ，その性質を変化させたり，凍結温度を下げる方法を用いる。これは**安定処理工法**とよばれる。

## 凍上の問題と凍結の活用

### ◎寒冷地以外での凍上の問題

都市ガスでよく用いられる液化天然ガス(LNG：liquefied natural gas の略)は，常温では気体であるが，液化するとその体積は約 1/600 となるため，大量に貯蔵できることから地下タンクに液化して保存される。ところが，LNG は液化すると－162℃ になるため，タンクのまわりは半永久的に凍結し，凍結範囲が広がることから，まわりの地盤の凍上が大きな問題となる。そこで，凍上がまわりの地盤に伝わらないよう，図 3-15 のような断熱材でタンクのまわりをおおい，さらにタンクの側部や底部に電気ヒーターを配置して凍上を防いでいる。

このように，凍上の問題の克服が，地上のタンクでは得られなかった LNG の大量貯蔵を実現し，ガスの安定供給に貢献している。

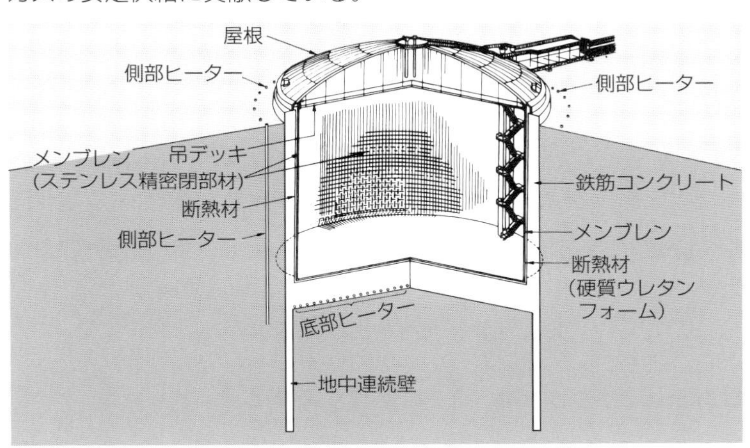


図 3-15　LNG タンク

### ◎凍結の活用

土が凍結すれば，岩石のようにかたくなる。軟弱な地盤の掘削は技術的にもむずかしいため，掘削しようとするまわりの地盤を一時的に人工凍結させてかたくし，その凍結された部分を止水や壁体として利用する方法がある。工事が終われば，解凍する。このような凍結を利用する工法を，**地盤凍結工法**(図 3-16)という。

また，砂や礫を乱さない状態で地盤から採取することがむずかしい場合，凍結管を地中に挿入し，そのまわりの地盤を凍結させて採取する方法がある。これは，地盤の状態をそのまま保っているため，採取したのち解凍すると，試料はもとの乱さない状態のままとなっている。この方法を**凍結サンプリング**という。

図 3-16　地盤凍結工法

## 第3章　章末問題

**1.**　図3-3において，土試料が透水係数 $k = 2.80 \times 10^{-4}$ m/s の砂であり，その断面積は80 cm²，長さは50 cmである。与えられている水頭差が20 cmの場合の動水勾配 $i$，流速 $v$，1時間あたりの透水量 $q$ [cm³/h] を求めよ。

**2.**　長さ10 cm，直径10 cmの砂質の土試料について定水位透水試験を行った。水頭差を2.5 cmに保って透水したところ，5分間の透水量が260 cm³であった。この土試料の透水係数 $k$ を求めよ。

**3.**　直径10 cm，長さ12 cmの土試料を用いて変水位透水試験を行った。スタンドパイプの内径は2.0 cmであり，スタンドパイプの水位変化を測定したところ，75分間に水位が144.0 cmから102.6 cmまで下がった。この土試料の透水係数 $k$ を求めよ。

**4.**　ある帯水層の透水性を調べるため揚水試験を行った。揚水井から5 mおよび20 m離れたところに観測井をつくり，揚水井から毎分112 Lの水をくみ上げた。数時間後に観測井の地下水位は定常になったので，地下水位をはかったところ，水位は地表から2.62 mと1.95 mであった。なお，揚水を開始するまえの地下水位は地表から0.80 mであり，地表から不透水性の基層までの深さは16 mである。次の(1)，(2)の場合について透水係数 $k$ を求めよ。

(1)　帯水層が厚さ8 mの被圧地下水であるとき。

(2)　帯水層が被圧されていない自由地下水であるとき。

**5.**　図3-17のように，水位が25 mである川に平行して，水位が27 mの水路がある。水面より下に不透水性の粘土層にはさまれた厚さ0.5 mで奥行1 mの砂層があり，砂層を通って水路の水が川へ流れている。この場合，水路からの漏水量 $q$ [m³/d] はいくらか。

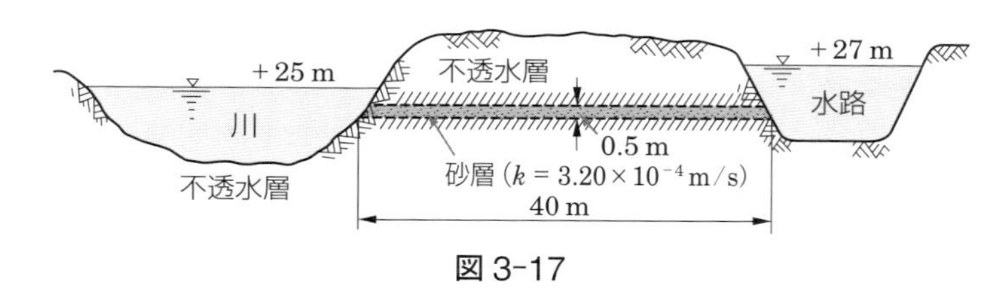


図3-17

**6.**　図3-10(a)に示すコンクリートダムの基礎地盤，および図(b)のアースダム本体の1日あたりの透水量 $q$ [m³/d] を計算せよ。ただし，どちらも透水係数 $k = 3.80 \times 10^{-4}$ m/s，水頭差 $h = 8$ m とする。

**7.**　有効径が $D_{10} = 0.076$ mmで，間げき比が $e = 0.62$ の細砂の毛管上昇高 $h_c$ はいくらか。

# 地中の応力

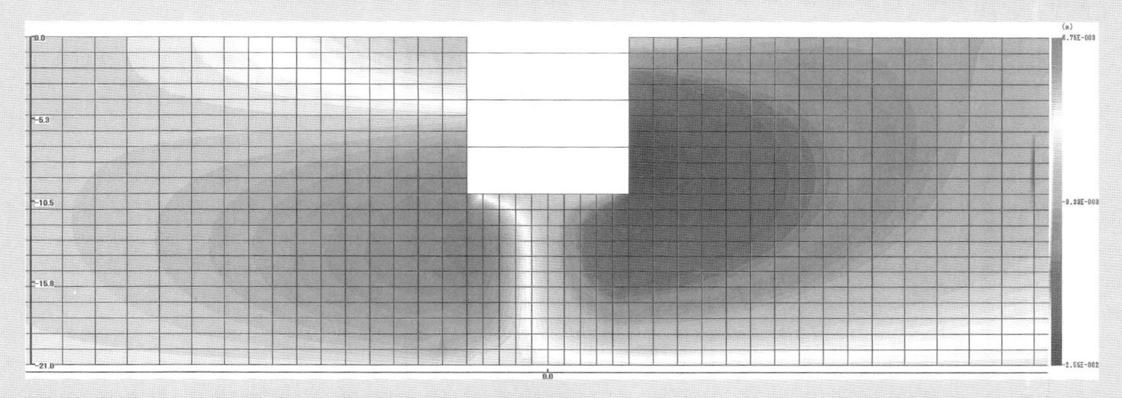

**掘削時に発生する地中の応力から変位量を予測した解析の例**　上の画像は，右側に等分布荷重が加わった状態で地盤を掘削したとき，掘削にともない地中に発生する応力から変位量を予測した解析画像である。色の濃い部分が，より大きな変位量（応力）を生じる状態を表している。掘削の範囲（広さや深さ）あるいは，地表面に加わる荷重や土質・地下水などの条件によって色の分布は変化する。

地表面に盛土や構造物の荷重が載った場合，地盤が沈下したり，地盤が破壊したりする。

この地盤の沈下や安定性を調べるには，地中のある深さにおける自重による鉛直方向の応力と，新たな荷重によって伝えられる鉛直方向の増加応力の大きさを知らなければならない。

また，土中に水の流れがあるとき，水の浸透する速さに応じて，土粒子間の応力に変動が生じ，場合によっては，土構造物などの破壊につながることもある。このように，浸透流にともなう地中の応力の変動も，地盤の安定を考えるうえでたいせつである。

- 土の自重により地盤内では鉛直方向にどのような大きさの応力が働いているのだろうか。
- 地表面に荷重が加わった場合，地盤内ではその力はどのように伝わるのだろうか。
- 地盤内に水の流れがある場合，地盤内での応力はどのように変わるのだろうか。

# 1 土に働く応力

地中のある点に働く応力には，その面より上にある土の自重による応力や，その地盤の表面につくられた盛土や構造物の荷重が地中に伝達されて働く応力などがある。

ここでは，土の自重による鉛直方向の応力の計算法を中心に，応力の種類やその伝わり方について学ぶ。

## 1 土の自重による地中の応力

土中にある水平面における土の自重による鉛直応力 $\sigma_z$ を求める場合，その面が地下水面より上にあるか下にあるかで，取り扱い方が異なる。その面が地下水面より下にあれば，その鉛直応力は，地下水面より上の部分によるものと，下の部分によるものとに分けて取り扱わなくてはならない。

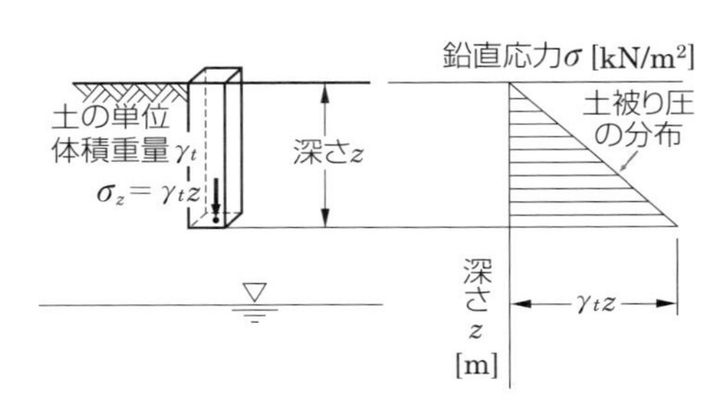


図 4-1　地下水面より上にある場合の土の自重による応力

図 4-1 に示すように，地下水面より上で地表面から $z$ の深さの水平面を考える。この面に働く鉛直応力 $\sigma_z$ は，その面より上にある土の自重によるもので，図に示すような単位面積の底面をもつ高さ $z$ の土の柱の自重で求められ，この土の単位体積重量を $\gamma_t$ とすると，次式で表される。

$$\sigma_z = \gamma_t z \quad [\mathrm{kN/m^2}] \qquad (4\text{-}1)$$

この場合の $\sigma_z$ は，土粒子間に直接伝わる応力であり，深さ $z$ に比例する。

次に，図 4-2 に示すような土が水面より下にある場合の地中の水平面に働く鉛直応力 $\sigma_z$ は，土の面から上の水の自重と，土の面か

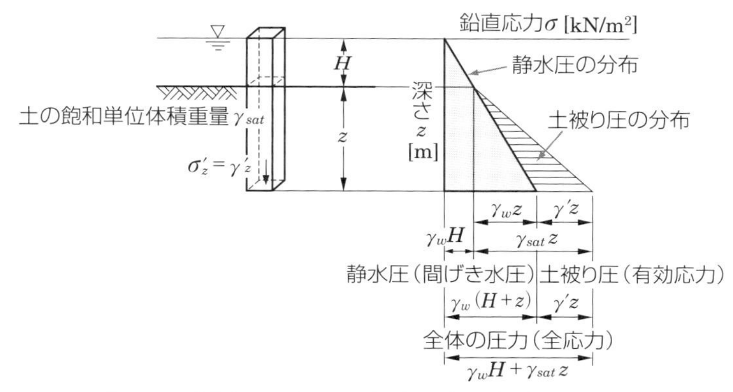


**図 4-2　水面より下にある場合の土の自重による応力**

ら下に働く飽和した土の自重との和で，次式で与えられる。

$$\sigma_z = \gamma_w H + \gamma_{sat} z \quad [\mathrm{kN/m^2}] \tag{4-2}$$

このように，水も含めた全体の自重による鉛直応力 $\sigma_z$ を**全応力**[❶]という。水は間げきを通じて水面部分まで連続しているので，深さ $z$ の面では $p_w = \gamma_w(H+z)$ の大きさの静水圧が作用している。この水圧は間げき水のもつ水圧であるから，**間げき水圧**[❷] $u$ という。

❶total stress

❷pore water pressure

いま，この水平面に働いている応力のようすをみると，図 4-3 のようになり，全応力 $\sigma_z$ から間げき水圧 $u$ を引いた応力が，土粒子間の接触面で伝えられていることがわかる。土粒子間に直接伝わる応力のことを**有効応力**[❸] $\sigma_z'$ といい，次式で表される。

❸effective stress

$$\sigma_z' = \sigma_z - u = \sigma_z - p_w = \gamma_w H + \gamma_{sat} z - \gamma_w(H+z)$$

$$\sigma_z' = (\gamma_{sat} - \gamma_w) z = \gamma' z \quad [\mathrm{kN/m^2}] \tag{4-3}$$

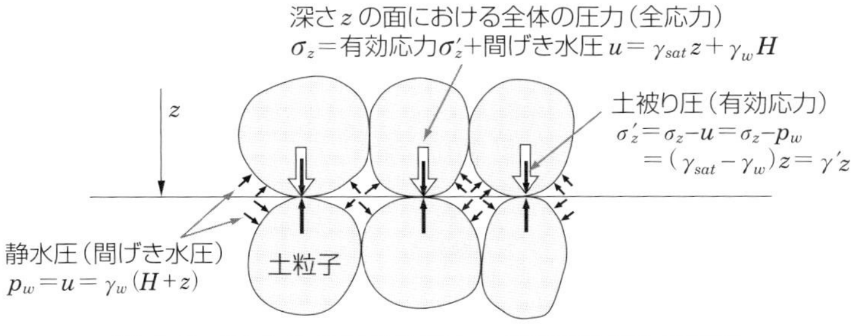


**図 4-3　図 4-2 の場合の深さ $z$ の面での応力の関係**

この有効応力 $\sigma_z'$ は，土粒子間の摩擦や土粒子骨格の圧縮に有効に働き，地盤の強さや沈下に直接関係する応力である[❹]。

❹有効応力に対して間げき水圧は，土粒子間の摩擦や土粒子骨格の圧縮に影響しない応力であることから中立応力ともよばれ，土の強さや沈下に直接関係しない応力である。

このような地表面から地盤中のある点までの深さ $z$ を**土被り**[1]といい，土の自重によって生じる有効応力 $\sigma_z'$ を**土被り圧**[2]という。

[1] earth pressure
[2] overburden pressure

図 4-4 の深さ 9 m の点 O における土被り圧 $\sigma_z'$ を求めよ。

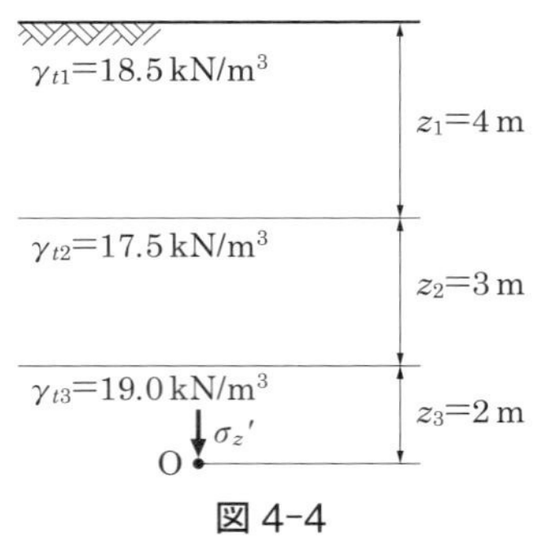

図 4-4

土層を 3 層に分けて考え，それぞれの土層による土被り圧を求めればよい。

$$\sigma_z' = \gamma_{t1}z_1 + \gamma_{t2}z_2 + \gamma_{t3}z_3$$
$$= 18.5 \times 4 + 17.5 \times 3 + 19.0 \times 2$$
$$= \mathbf{164.5\ kN/m^2}$$

図 4-5 の深さ 6 m の点 O における土被り圧 $\sigma_z'$ を求めよ。

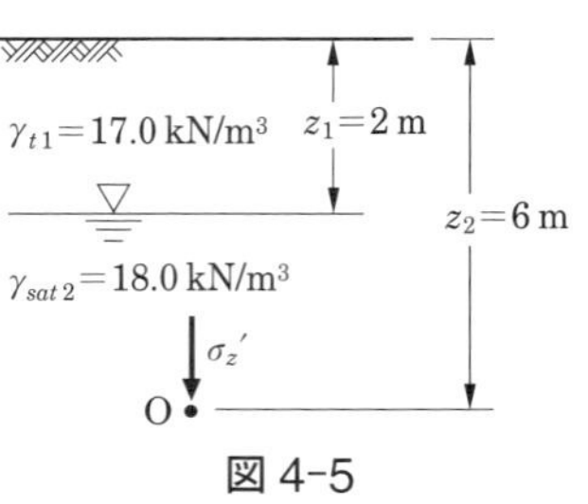

図 4-5

土層を地下水面の上下の 2 層に分けて考え，それぞれの土層による土被り圧を求めればよい。

$$\sigma_z' = \gamma_{t1}z_1 + (\gamma_{sat2} - \gamma_w)(z_2 - z_1)$$
$$= 17.0 \times 2 + (18.0 - 9.8) \times (6 - 2)$$
$$= \mathbf{66.8\ kN/m^2}$$

## 2　地中の応力の伝わり方

地表面に加えられる荷重によって地中に伝えられる応力は，鉛直応力と水平応力およびせん断応力に分けて考える。これらの応力は，図 4-6 に示すように，地盤の沈下や安定の計算などの目的に応じて，それぞれ求められている。

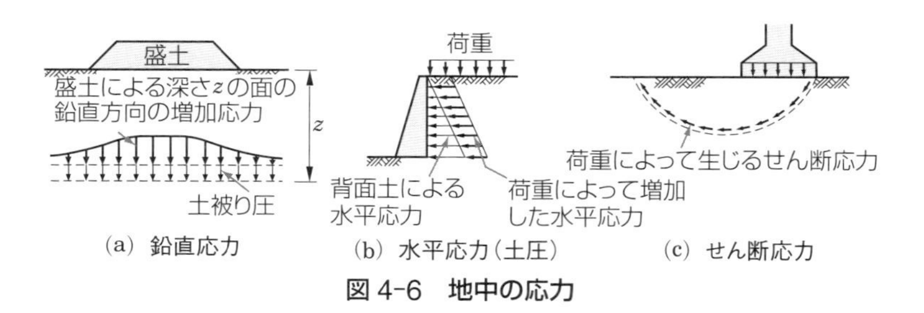

(a) 鉛直応力　(b) 水平応力(土圧)　(c) せん断応力

図 4-6　地中の応力

図(a)のように，鉛直応力は圧密沈下[3]の原因となり，図(b)のような水平応力は土圧[4]の計算に関係する応力である。また，図(c)のようなせん断応力は基礎や斜面のすべり破壊の安定性を検討するうえで必要である。

[3] 第 5 章(p. 75)参照。
[4] 第 7 章(p. 111)参照。

荷重によって伝えられるこれらの増加応力は，図 4-7 のように，深くなるか，あるいは載荷点から離れるに従って小さくなる。この荷重の載荷面下のいろいろな深さの水平面に分布する鉛直方向の増加応力のうち，大きさが等しい点を結んで得られる球根形の曲線を**圧力球根**[1]という。

図 4-7 の右図における応力分布の実線は，地盤を弾性と考えて，地表面上に正方形等分布荷重 $q$ が作用した場合の鉛直方向の増加応力が，$q$ の 0.2 倍である点を結んだ圧力球根である。この $q$ の値がとくに大きな値でないかぎり，支持力や沈下に大きく影響を及ぼす範囲は，地盤内の増加応力が $0.2\,q$ 程度までであるといわれ，この場合の $0.2\,q$ の圧力球根の深さは，基礎幅 $B$ の約 1.5 倍となる[2]。

この圧力球根の考え方は，土質調査に必要な深さを決めるのに役立つ。たとえば，図の右側のような $0.2\,q$ の圧力球根が軟弱な土層を横切る場合には，基礎の安定に大きな影響があるため，軟弱な土層を詳しく調べなければならない。

[1] pressure bulb

[2] $0.2\,q$ の圧力球根が達する深さは，長方形等分布荷重の場合では荷重面の長辺 $L$ の長さが長くなるに従い，短辺 $B$ の 1.5 倍より深くなり，長辺が無限大の帯状荷重では，幅 $B$ の約 3 倍まで達する。

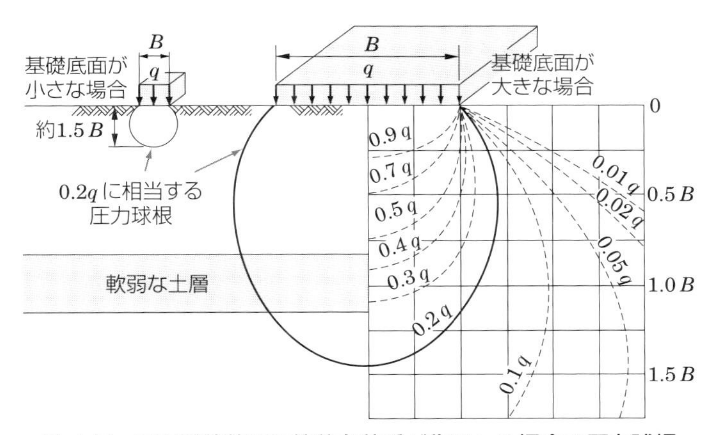


図 4-7　正方形載荷面に等分布荷重が作用した場合の圧力球根

# 2 荷重による鉛直方向の増加応力

地盤の表面に荷重が作用すると，地盤内の応力が増加して変形が生じる。地盤は複雑な性質を示すとともに，その力学的な挙動も弾性体が示す挙動とは異なる。しかし，その増加応力を計算する場合，土が破壊する応力よりも小さな応力の範囲では，地盤はあらゆる方向に同じ性質をもつ弾性体であると仮定して計算を行っても，実用上問題はないとされている。

ブーシネスク[1]は，1885年に地盤を弾性体と仮定して，集中荷重が作用したときの地中の増加応力を求める式を導いた。ここでは，この式およびこの式から導かれた分布荷重が作用する場合における鉛直方向の増加応力の求め方について学ぶ[2]。

[1] Boussinesq

[2] とくに，圧密沈下量の計算を行う場合(第5章 p. 224参照)，地盤内の諸応力のうち，必要な応力は，鉛直方向の増加応力である。

## 1 集中荷重による地盤内の鉛直方向の増加応力

図4-8に示すような地表面に集中荷重 $P$ [kN] が作用する場合，載荷点から $r$ の距離にある深さ $z$ [m] の鉛直方向の増加応力 $\varDelta\sigma_z$ を，ブーシネスクは次のように求めた。

$$\varDelta\sigma_z = \frac{3Pz^3}{2\pi(\sqrt{r^2+z^2})^5} \quad [\mathrm{kN/m^2}] \qquad (4\text{-}4)$$

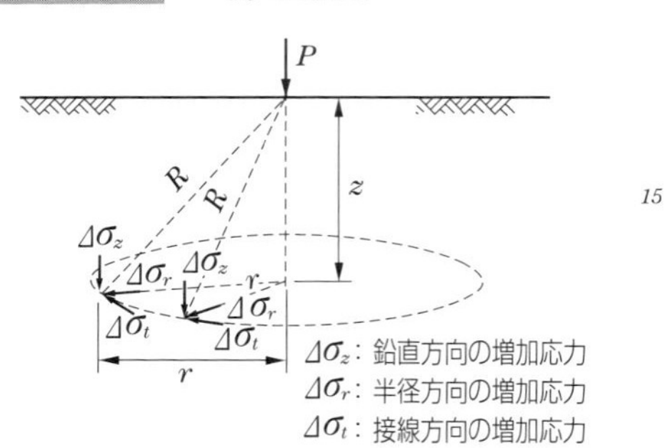


図4-8 集中荷重による増加応力

いくつかの集中荷重が同時に作用する場合，地盤内の一点に伝えられる増加応力は，個々の集中荷重によってその点に伝えられる増加応力を合計して求めることができる。

**例題3** 地表面に2000 kNの集中荷重が作用している。その載荷点から水平に2 m離れたところで，地中の深さ5 mに伝えられる鉛直方向の増加応力 $\varDelta\sigma_z$ を求めよ。

**解答** $r = 2\,\mathrm{m}$，$z = 5\,\mathrm{m}$ であるから，式(4-4)より，

$$\varDelta\sigma_z = \frac{3Pz^3}{2\pi(\sqrt{r^2+z^2})^5} = \frac{3\times 2000\times 5^3}{2\pi(\sqrt{2^2+5^2})^5} = 26.4\ \mathrm{kN/m^2}$$

# 2 分布荷重による地盤内の鉛直方向の増加応力

## 1 等分布荷重が作用した場合

地表面に等分布荷重が作用した場合の地中における鉛直方向の増加応力を求める方法は，いくつか提案されている。

ブーシネスクの式を直接利用する場合は，載荷面をいくつかの小区画に分けて，小区画ごとに集中荷重が加わるものとして，近似的に計算している。

とくに荷重面が長方形であるときには，ニューマーク❶の式がよく用いられる❷。これによると，図4-9に示すように，辺長が $B=mz$，$L=nz$ である地表面上の長方形面に等分布荷重 $q$ を載せたとき，この長方形の隅(ぐう)角部の直下における深さ $z$ に伝えられる増加応力 $\varDelta\sigma_z$ が，次式によって与えられる。

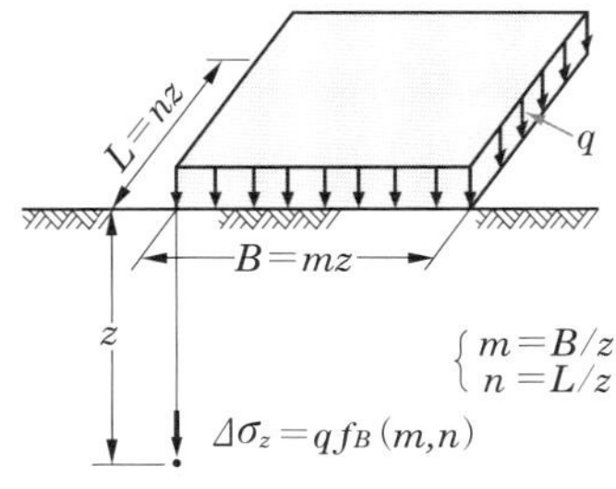

図 4-9　長方形等分布荷重

$$\varDelta\sigma_z=\frac{q}{2\pi}\left\{\frac{mn}{\sqrt{m^2+n^2+1}}\cdot\frac{m^2+n^2+2}{(m^2+1)(n^2+1)}+\sin^{-1}\frac{mn}{\sqrt{(m^2+1)(n^2+1)}}\right\}=qf_B(m,\ n)\quad[\mathrm{kN/m^2}]\quad(4\text{-}5)$$❸

また，隅角部以外の任意点の直下の増加応力 $\varDelta\sigma_z$ は，その点を隅角部とするいくつかの長方形に分割して，それぞれの長方形による $\varDelta\sigma_z$ を重ね合わせることによって求められる。もし，空白部分や重複部分があれば，その影響を加減する(図4-10)。

❶Newmark

❷長方形以外の任意の形をした載荷面に等分布荷重が加わる場合の $\varDelta\sigma_z$ は，ニューマークの考案した影響円法という図解による方法が利用されている。

❸この式中の $\sin^{-1}$ 関数で求められる値は，rad 単位である。また，関数 $f_B(m,\ n)$ は影響値とよばれ，この値を $m$，$n$ に対応して求められる図もつくられている。なお，図4-9の辺長 $B$，$L$ のとり方を逆にして $m$，$n$ の値が入れかわっても，同じ計算結果を得ることができる。

**例題 4**　図4-10の載荷面に100 kN/m² の等分布荷重が加わっている。点Cの地中下の深さ10 mの点Oに伝えられる鉛直方向の増加応力 $\varDelta\sigma_z$ を求めよ。

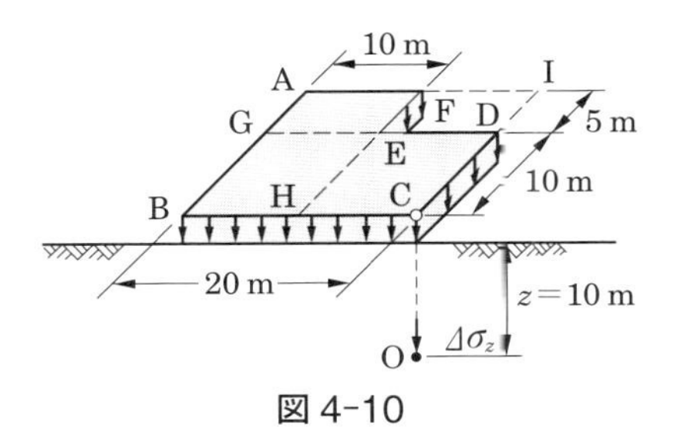

図 4-10

**解答**　点Cを隅角部とする長方形に分割すると，$\varDelta\sigma_z$ は次式で求められる。

$$\varDelta\sigma_z=\varDelta\sigma_{z\cdot\mathrm{CIAB}}+\varDelta\sigma_{z\cdot\mathrm{CDEH}}-\varDelta\sigma_{z\cdot\mathrm{CIFH}}$$

ここで，$\varDelta\sigma_{z\cdot\mathrm{CIAB}}$ については，$m=\frac{20}{10}=2.0$，$n=\frac{15}{10}=1.5$ から，

$$f_B(2.0, 1.5) = \frac{1}{2\pi}\left\{\frac{2.0\times1.5}{\sqrt{2.0^2+1.5^2+1}}\cdot\frac{2.0^2+1.5^2+2}{(2.0^2+1)(1.5^2+1)}\right.$$

$$\left. + \sin^{-1}\frac{2.0\times1.5}{\sqrt{(2.0^2+1)(1.5^2+1)}}\right\} = 0.224$$

$q = 100\ \mathrm{kN/m^2}$ であるから，式(4-5)より，

$$\varDelta\sigma_{z\cdot\mathrm{CIAB}} = 100 \times 0.224 = 22.4\ \mathrm{kN/m^2}$$

同様に，$\varDelta\sigma_{z\cdot\mathrm{CDEH}}$ については，$m = \frac{10}{10} = 1.0$，$n = \frac{10}{10} = 1.0$ から，

$$f_B(1.0,\ 1.0) = 0.175$$

ゆえに，$\varDelta\sigma_{z\cdot\mathrm{CDEH}} = 100 \times 0.175 = 17.5\ \mathrm{kN/m^2}$

$\varDelta\sigma_{z\cdot\mathrm{CIFH}}$ については，$m = \frac{10}{10} = 1.0$，$n = \frac{15}{10} = 1.5$ から，

$$f_B(1.0,\ 1.5) = 0.194$$

ゆえに，$\varDelta\sigma_{z\cdot\mathrm{CIFH}} = 100 \times 0.194 = 19.4\ \mathrm{kN/m^2}$

$$\varDelta\sigma_z = 22.4 + 17.5 - 19.4 = \mathbf{20.5\ kN/m^2}$$

## 2 台形帯状荷重が作用する場合

河川堤防や道路の盛土のような台形帯状荷重による地盤内の鉛直方向の増加応力の計算には，一般にオスターバーグ[1]の方法が用いられる。

図 4-11 に示すように，盛土内の点 A より左側にある盛土荷重によって，点 A 直下の深さ $z$ の点 O に伝えられる増加応力 $\varDelta\sigma_z$ は，図に示す角度 $\alpha_1$，$\alpha_2$ をラジアン［rad］で求め，次式で計算される。

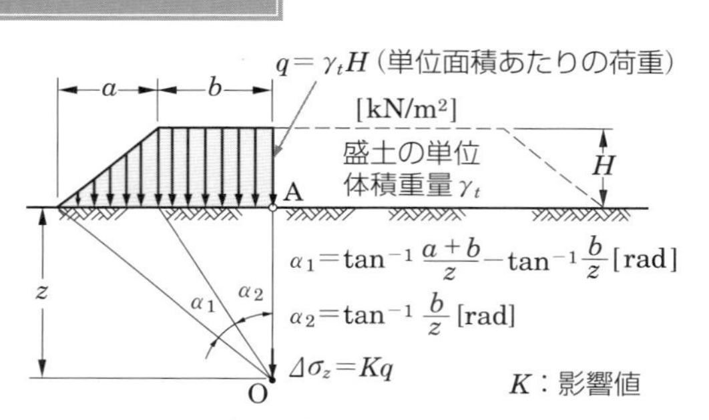

図 4-11　台形帯状荷重による増加応力

[1] Osterberg

$$\varDelta\sigma_z = \frac{1}{\pi}\left\{\left(\frac{a+b}{a}\right)(\alpha_1+\alpha_2) - \frac{b}{a}\alpha_2\right\}q = Kq \quad [\mathrm{kN/m^2}] \quad (4\text{-}6)$$ [2]

[2] $K$ は影響値とよばれ，この値を $a/z$，$b/z$ に対して求められる図もつくられている。

点 A より右側にある盛土荷重によって，点 O に伝えられる増加応力も同様にして求め，それぞれ加えれば，増加応力が得られる。

**例題 5**　図 4-12 に示すような盛土の下方の点 O に伝えられる鉛直方向の増加応力 $\varDelta\sigma_z$ を求めよ。

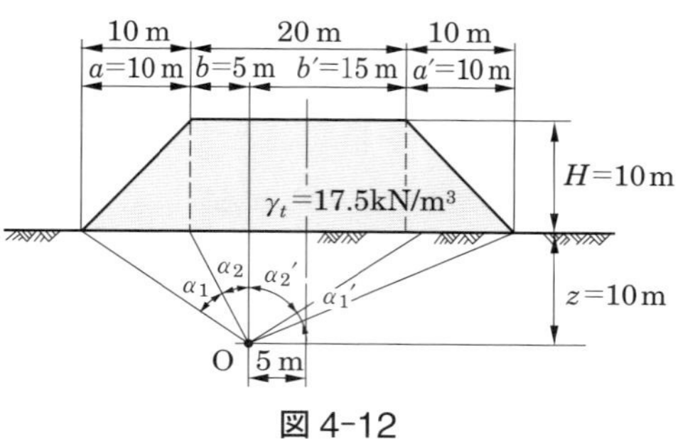

図 4-12

**解答**　点 O の左側部分について，$a = 10$ m，$b = 5$ m，$z = 10$ m より，

$$\alpha_1 = \tan^{-1}\frac{10+5}{10} - \tan^{-1}\frac{5}{10}$$

$$= 0.519\ \text{rad},$$

$$\alpha_2 = \tan^{-1}\frac{5}{10} = 0.464\ \text{rad}$$

$$K_1 = \frac{1}{\pi}\left\{\left(\frac{a+b}{a}\right)(\alpha_1+\alpha_2) - \frac{b}{a}\alpha_2\right\}$$

$$= \frac{1}{\pi}\left\{\frac{10+5}{10}\times(0.519+0.464) - \frac{5}{10}\times 0.464\right\} = 0.396$$

同様に，点Oの右側部分も，$a' = 10$ m，$b' = 15$ m から $\alpha_1' = 0.207$ rad，$\alpha_2' = 0.983$ rad となり，$K_2$ を求めると，

$$K_2 = \frac{1}{\pi}\left\{\left(\frac{a'+b'}{a'}\right)(\alpha_1'+\alpha_2') - \frac{b'}{a'}\alpha_2'\right\} = 0.478$$

単位面積(1 m²)あたりの荷重は，$q = \gamma_t H = 17.5 \times 10 = 175$ kN/m²となり，$q$ によって点Oに伝えられる増加応力$\varDelta\sigma_z$は，

$\varDelta\sigma_z = K_1 q + K_2 q = 0.396 \times 175 + 0.478 \times 175 =$ **153 kN/m²**

## 3 等分布荷重が作用する場合の概算法

地表面に等分布荷重が作用したとき，地盤内のある深さにおける鉛直方向の増加応力の分布を次のように近似的に求める方法がある。

図 4-13(a)は，応力が載荷面のふちからある一定の角度 $\alpha$ をもって直線的に広がり，かつ任意の水平面上では等分布すると仮定して，応力分布を求めるものである[1]。図(b)に示すように，辺長が $B$，$L$ である長方形の載荷面に等分布荷重 $q$ が加わるとき，増加応力が，載荷面のふちから角度 $\alpha$ をもって広がるものとすれば，地表面からの深さ $z$ の増加応力$\varDelta\sigma_z$は，次式で表される[2]。

$$\varDelta\sigma_z = \frac{qBL}{(B+2z\tan\alpha)(L+2z\tan\alpha)} \quad [\text{kN/m}^2]$$

[1] この方法は，米国ボストン市の建築基準法に採用された方法で ボストンコード法ともよばれる。ふつう，応力が分散する角度を $\alpha$ として 30°，あるいは $\tan\alpha = 1/2$ が用いられる。

[2] この式は，地表面の等分布荷重の大きさと，深さ $z$ の面に伝わる増加応力の大きさが等しいとしてたてられた式である。

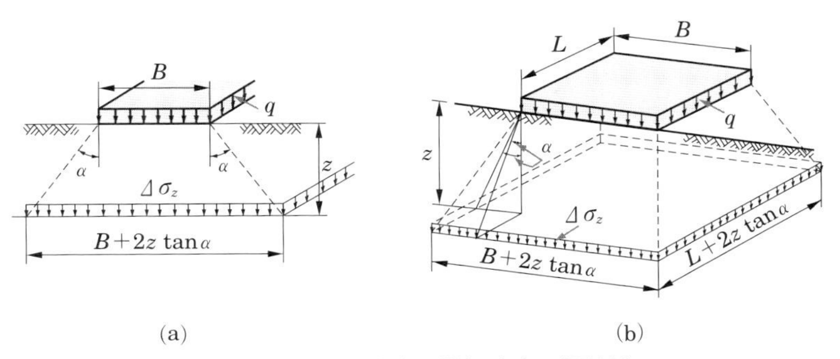


図 4-13 鉛直方向の増加応力の概算法

# 3 土中の水の流れによる地中応力の変化

土中に水の流れがある場合，流れの勢いによって，土粒子は流れの方向に移動させられようとし，土粒子がつくる骨格全体は流れの向きに力を受ける。この力，すなわち**浸透力**[❶]は，重力と同じように，土試料のどの部分にも同じ大きさで，流れと同じ方向に作用し，土粒子間の有効応力に変化をもたらす。

❶seepage force

## 1 浸透力

図 4-14 のように地盤を掘削した場合，水位差により掘削面に向かう水の流れが発生し，土の骨格全体に流れの方向に浸透力が働き有効応力が変化する。たとえば，図の点 A における土粒子には土被りによる有効応力が働いているが，さらに浸透力による分だけ有効応力は増加する。ところが，点 B では，流れが上向きであるから浸透力の分だけ有効応力は逆に減少する。

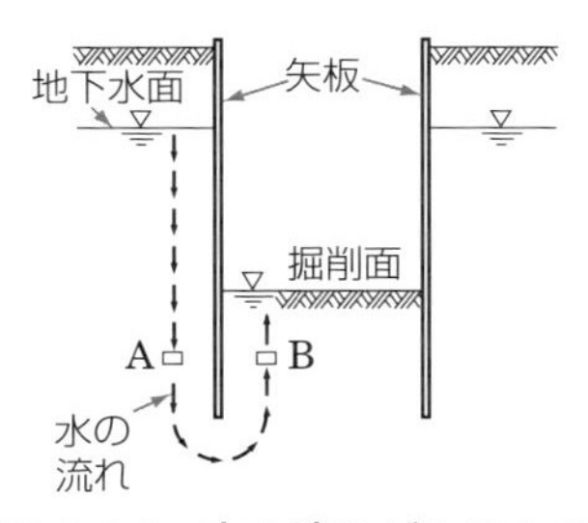

**図 4-14 水の流れがあるときの有効応力の変動**

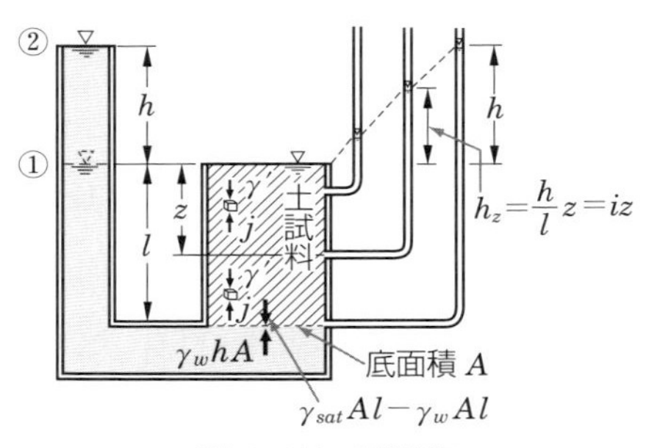

**図 4-15 浸透力**

この B 点での力のようすをみるため，図 4-15 のように，断面積 $A$ の土試料の模型で考える。この図で，水位が①の位置にある場合，水の流れが起こらないので，土試料の底面での全体に働く力は $\gamma_{sat}Al$ であるが，水位より下にあるため浮力 $\gamma_w Al$ が働き，底面全体に作用する有効な力は，

$$\gamma_{sat}\boldsymbol{Al}-\gamma_w\boldsymbol{Al}=(\gamma_{sat}-\gamma_w)\boldsymbol{Al}=\gamma'\boldsymbol{Al} \qquad (4\text{-}7)$$

となる。これを単位体積あたりについて求めると，$\gamma'Al/Al=\gamma'$ [kN/m³] となる。この $\gamma'$ は土の水中単位体積重量であり，土のど

の部分をとっても同じように，単位体積あたり土の骨格に下向きに働いている。

次に，水位を②の位置まで上げ，土試料の中に上向きの浸透流を発生させた場合，底面には浸透水圧 $\gamma_w h$[1] に土試料の断面積 $A$ を掛けた浸透力 $\gamma_w hA$ が土試料全体に上向きに作用する。このとき，土試料の単位体積あたりの浸透力 $j$ は，$\gamma_w hA$ を土試料の体積 $Al$ で割って求められる[2]。すなわち，

$$\boldsymbol{j} = \gamma_w \boldsymbol{hA/Al} = \gamma_w \boldsymbol{h/l} = \boldsymbol{i}\gamma_w \quad [\mathrm{kN/m^3}] \qquad (4\text{-}8)$$

この $j$ は土試料のどの部分をとっても同じように働いている。

したがって，上向きの浸透流があるとき，単位体積あたりの土の骨格に働く下向きの力は，浸透力 $j$ の分だけ減少し，次式で表される。

$$\gamma' - \boldsymbol{j} = \gamma' - \boldsymbol{i}\gamma_w \quad [\mathrm{kN/m^3}] \qquad (4\text{-}9)$$

このことから，この土試料の深さ $z$ における有効応力 $\sigma'$ は，式(4-9)で与えられる単位体積あたりの下向きの力に $z$ を掛けた次式で表される。

$$\sigma' = (\gamma' - \boldsymbol{j})\boldsymbol{z} = (\gamma' - \boldsymbol{i}\gamma_w)\boldsymbol{z} \quad [\mathrm{kN/m^2}] \qquad (4\text{-}10)$$

このように，上向きの浸透力を受けるときは，土被り圧から浸透力の分だけ有効応力が減少する。

土粒子間の有効応力が減少することは，それだけ土粒子間でせん断力などに抵抗する力がなくなることであり，水の流れのある掘削面で破壊などが生じたり，斜面内に浸透流があるときに斜面の破壊が引き起こされる原因となる。

## 2 浸透流による土の破壊現象

図 4-15 において，水頭差 $h$ を 0 から少しずつ増していけば，はじめは下向きに働く土の水中単位体積重力 $\gamma'$ が上向きの浸透力 $j$ より大きいので，土試料は安定しているが，次第に浸透力が増加して $j \geqq \gamma'$ となり，土試料の有効応力が 0 から負に変化し，土粒子がもち上げられるような現象が生じる。これを**クイックサンド**[3]とい

❶p. 47 参照。

❷浸透力は単位体積あたりの力として考えなければならないため，ふつう，浸透力は単位体積あたりの力の大きさ $j$ で表される。$j$ の値は動水勾配 $i$ に比例する。

❸quicksand

う。$j = \gamma'$ になるときが，クイックサンドを生じる限界であり，このときの動水勾配を**限界動水勾配**❶ $i_c$ という。

❶critical hydraulic gradient

この $i_c$ は，式(4-9)を0に等しいとしたときの $i$ を $i_c$ として，式(2-22)を用いて次式のように計算される。

$$\boldsymbol{i_c = \frac{\gamma'}{\gamma_w} = \frac{\dfrac{\rho_s - \rho_w}{1+e}g}{\rho_w g} = \frac{\dfrac{\rho_s}{\rho_w} - 1}{1+e}} \qquad (4\text{-}11)$$

このように $i_c$ は，土の間げき比 $e$ と土粒子の密度 $\rho_s$ で決定される。したがって，砂質土に浸透流があるとき，その土の状態から求まる動水勾配 $i$ が限界動水勾配 $i_c$ より大きくなれば，クイックサンドを生じることになる。このクイックサンドは，ふつう砂が沸騰したような現象を示すことから，**ボイリング**❷といわれる場合が多い。

❷boiling：
ボイリングは，理論的には砂粒子の大きさと無関係に起こるものであるが，実際には細砂で起こりやすい。
その理由は，ふつう細砂がかなりそろった粒径をもち，締まり方がゆるいため，間げき比が大きく，限界動水勾配が小さくなるからである。

また，ボイリングが砂質土の弱いところを通って，パイプ状に生じることがある。この現象を**パイピング**❸という。

❸piping

なお，粘土地盤では透水性がひじょうに低いため，ふつうボイリングのような現象はみられない。しかし，粘土地盤では浸透力が原因となり，掘削面がふくれあがる現象がみられる。この現象を**盤膨れ**(ばんぶくれ)❹という。

❹ヒービング(heaving)ともいう。

このような浸透流による土の破壊現象が予想されれば，水頭差 $h$ を下げて浸透力を減らすか，破壊が予想される地盤面に押え荷重を作用させて有効応力の増加をはかるなどの対策が必要である。

**例題 6**

図4-16の場合，ボイリングが生じるかどうか判定せよ。もし，起こるとすれば，砂質の土試料表面に最小限いくらの押え荷重 $q$ [kN/m$^2$] を載せれば防げるか。

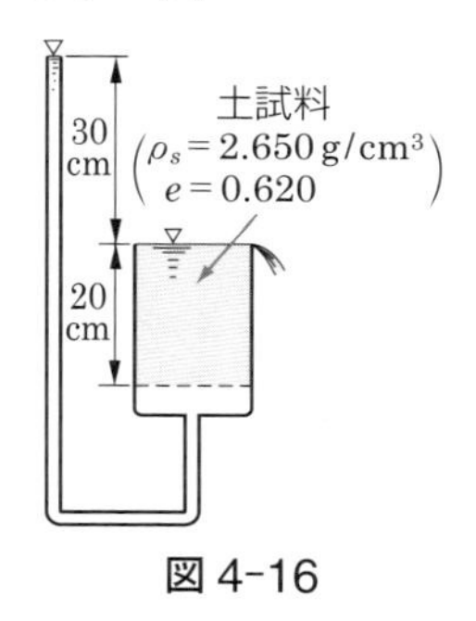

図 4-16

**解答**

限界動水勾配 $i_c$ は式(4-11)から，

$$i_c = \frac{\dfrac{\rho_s}{\rho_w} - 1}{1+e} = \frac{\dfrac{2.650}{1.000} - 1}{1 + 0.620} = 1.02$$

また，図の場合の動水勾配 $i$ は，$h = 0.3\,\mathrm{m}$，$l = 0.2\,\mathrm{m}$ であるから，

$$i = \frac{h}{l} = \frac{0.3}{0.2} = 1.50$$

したがって，$i > i_c$ となり，この場合ボイリングが生じる。

次に，押え荷重を $q$，土試料の断面積を $A$ とすれば，$q$ を載せたときの土試料の表面に作用する力の合計は $qA$ となり，土試料の単位体積あたりの有効な重量は，$qA/Al = q/l$ だけ増える。したがって，土試料がボイリングを生じないための条件は，式(4-9)で与えられる有効な重量に $q/l$ を加えた和が $\gamma' - j + q/l \geqq 0$ でなければならない。この条件から $q$ を求めればよく，すなわち，$\gamma' l - jl + q \geqq 0$ となり，式(2-22)および式(4-8)から，$\gamma_w = \rho_w g = 9.8\ \mathrm{kN/m^3}$ とおいて，

$$\frac{\rho_s - \rho_w}{1+e} gl - i\gamma_w l + q = \frac{2.65 - 1.00}{1 + 0.62}$$

$$\times 9.8 \times 0.2 - 1.50 \times 9.8 \times 0.2 + q \geqq 0$$

ゆえに，$q \geqq 2.94 - 2.00 = \mathbf{0.94\ kN/m^2}$

## 3 地盤の掘削にともなうボイリングの判定

地盤の掘削にともなって，ボイリングが生じるかどうかの検討は，図 4-17 の場合，その地盤の限界動水勾配 $i_c$ を計算し，実際の動水勾配 $i$ との比で安全率 $F_s$ を求めて判断する。

$$\boldsymbol{F_s = \frac{i_c}{i}} \qquad (4\text{-}12)$$

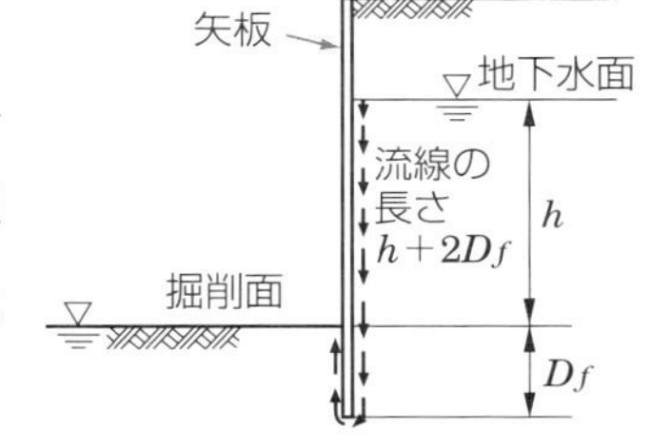


図 4-17　地盤の掘削にともなうボイリング

図において，地下水面下における地盤の限界動水勾配 $i_c$ は，式(4-11)で求められる。また，この場合矢板に沿う流線が最も短いため動水勾配 $i$ はこの流線で最も大きくなり，水頭 $h$ をこの流線の長さ $(h + 2D_f)$ で割って，次のように示される。

$$\boldsymbol{i = \frac{h}{h + 2D_f}} \qquad (4\text{-}13)$$

したがって，安全率 $F_s$ は，

$$\boldsymbol{F_s = \frac{i_c}{i} = \frac{\gamma'/\gamma_w}{h/(h + 2D_f)} = \frac{\gamma'(h + 2D_f)}{\gamma_w h}} \qquad (4\text{-}14)$$

$\gamma'$：地下水面下の地盤の水中単位体積重量

で求められ，安全であると判断するには，この安全率 $F_s$ は，ふつう 1.2 以上必要である。

# 4 有効応力と過剰間げき水圧

地中では，土被りによる有効応力が土粒子間に作用しているが，載荷重があった場合の荷重による増加応力は，土の種類と状態によって載荷後ただちに土粒子間に伝わる場合と，長い時間かかって伝わる場合とがある。

土は，その骨格と多くの間げきより形成されており，増加応力が土の骨格に伝われば，土は圧縮を生じることになる。飽和した粘土では，透水性がひじょうに小さいので，間げき中の水が抵抗し，載荷直後では，増加応力が土の骨格にただちに伝わらず，土の骨格の圧縮ははじまらない。

いま，図 4-18 に示すように，図(a)のような地盤に，荷重 $q$ が広い範囲に載荷されたとき(図(b))，載荷直後では増加応力は間げき水で受けもたれ，その間げき水圧は増加応力分だけ上昇する。このとき発生した水圧は，静水圧より増えた水圧であることから，**過剰間げき水圧**[1]とよばれる(図(c))。その後，徐々に土の骨格の圧縮が進行し，過剰間げき水圧が受けもっていた増加応力が土の骨格に伝わり，過剰間げき水圧は消散していく(図(d)，(e))。最終的には，過剰間げき水圧はなくなり，土の骨格には増加応力が有効応力として完全に伝わる(図(f))。

[1] excess pore water pressure

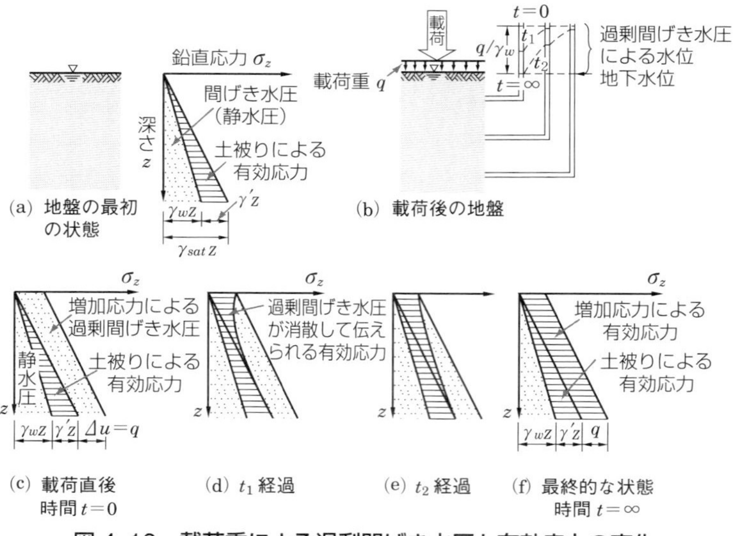


図 4-18　載荷重による過剰間げき水圧と有効応力の変化

このような現象は，すべての土にみられるが，砂は透水性がひじょうに大きいので，土の骨格への増加応力の伝達は短時間で終わり，粘土では長時間かかる。この地盤内での応力の伝達過程は，あとの章で学ぶ圧密沈下や土の強さを考えるうえでたいせつである。

## 第4章 章末問題

**1.** 図 4-19 の地中の点 O における土被り圧 $\sigma_z'$ を求めよ。

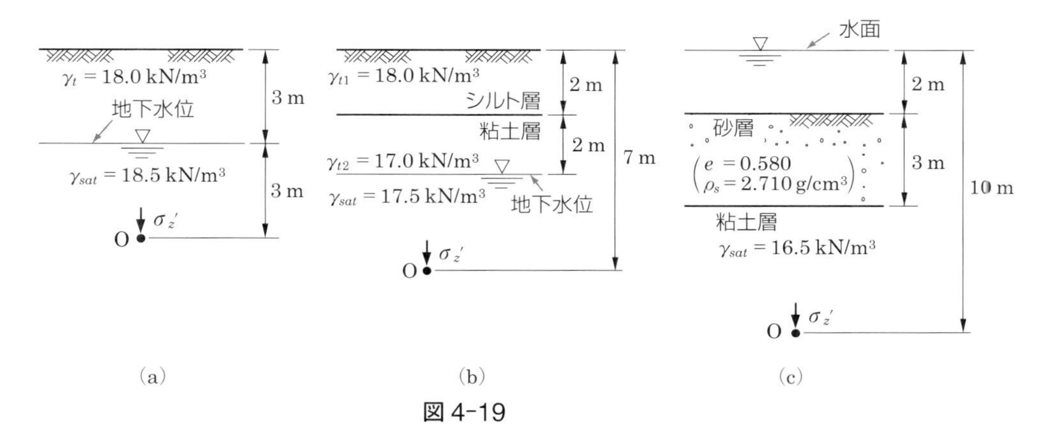


図 4-19

**2.** 図 4-20 に示した地盤の地下水面が 3 m 下がった場合，点 O での有効応力 $\sigma_z'$ は，水位低下によっていくら変化するか求めよ。ただし，地下水位が低下したところの土の湿潤単位体積重量は，$\gamma_t = 18.5\ \mathrm{kN/m^3}$ に変化する。

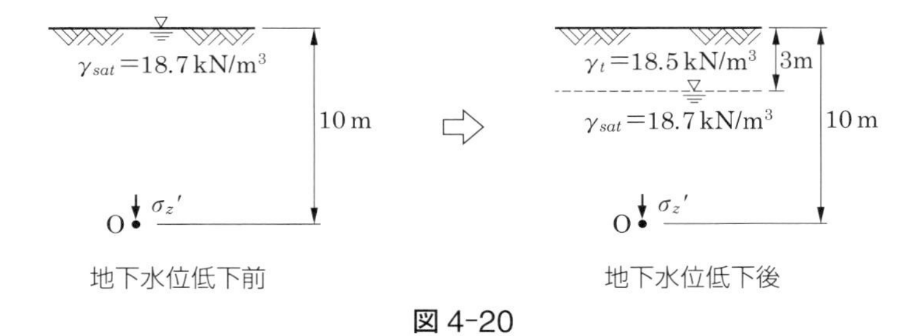


図 4-20

**3.** 地表面に 1000 kN の集中荷重が作用している。その載荷点の直下で，深さ 2 m に伝えられる鉛直方向の増加応力 $\Delta\sigma_z$ を求めよ。

**4.** 図 4-21 のように，地表面に集中荷重が作用しているとき，深さ 4 m の点 O に生じる増加応力 $\Delta\sigma_z$ を求めよ。

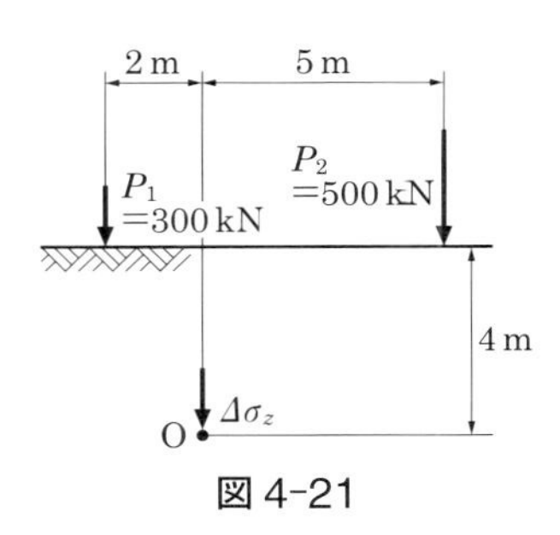


図 4-21

**5.** 図 4-22 のように，水平な地表面上の正三角形 ABC の各頂点に 200 kN の集中荷重が作用しているとき，載荷点 A の直下で深さ 4 m に伝えられる鉛直方向の増加応力$\Delta\sigma_z$を求めよ。

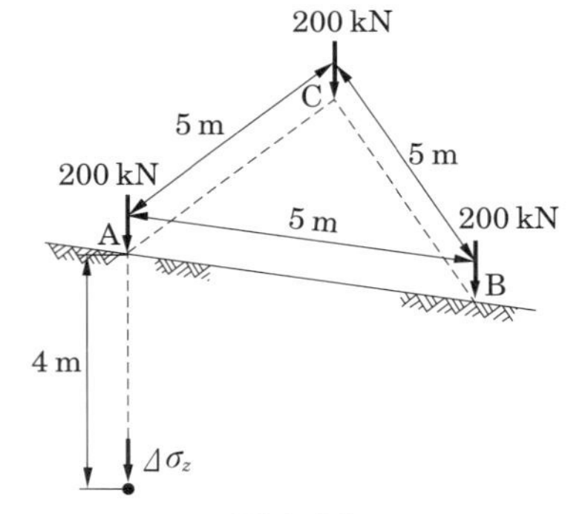

図 4-22

**6.** 例題 4 の図 4-10 における点 I の直下で，深さ 10 m に伝えられる鉛直方向の増加応力$\Delta\sigma_z$を求めよ。ただし，条件は例題 4 と同じとする。

**7.** 図 4-23 に示すような盛土の下方にある点 A，B，C に伝えられる鉛直方向の増加応力$\Delta\sigma_z$をそれぞれ求めよ。

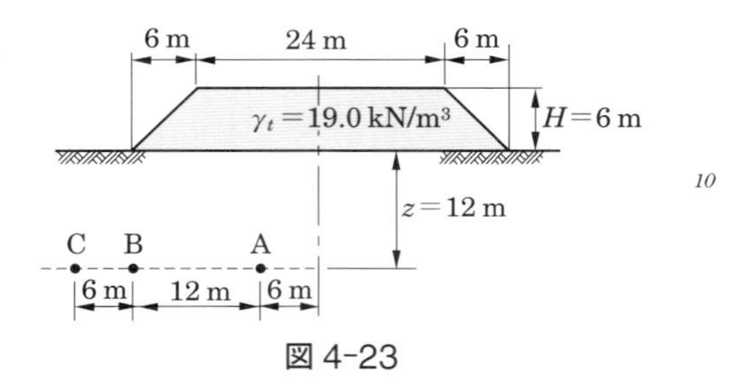

図 4-23

**8.** 図 4-24 に示すような載荷条件の場合に，地表面からの深さ 10 m に伝えられる鉛直方向の増加応力$\Delta\sigma_z$を，概算法によって求めよ。ただし，$\Delta\sigma_z$は載荷面のふちから $\alpha = 30°$ の角度で広がり，かつ水平面上では等分布に作用するものとする。

**9.** 図 4-25 において次の問いに答えよ。

(1) $h = 10$ cm に保ったとき，砂質の土試料中央面($z = 10$ cm)における有効応力$\sigma_z'$を求めよ。

(2) この土試料の限界動水勾配 $i_c$ を求めよ。

(3) いま，$h = 50$ cm に保ったとき，クイックサンドが起こらないようにするためには，土試料の表面にいくらの押え荷重 $q$ [kN/m²] が必要となるか。

**10.** 図 4-26 のように，地盤を掘削して矢板で土留めをした場合，図に示す根入れ深さで，ボイリングに対し安全かどうか検討せよ。

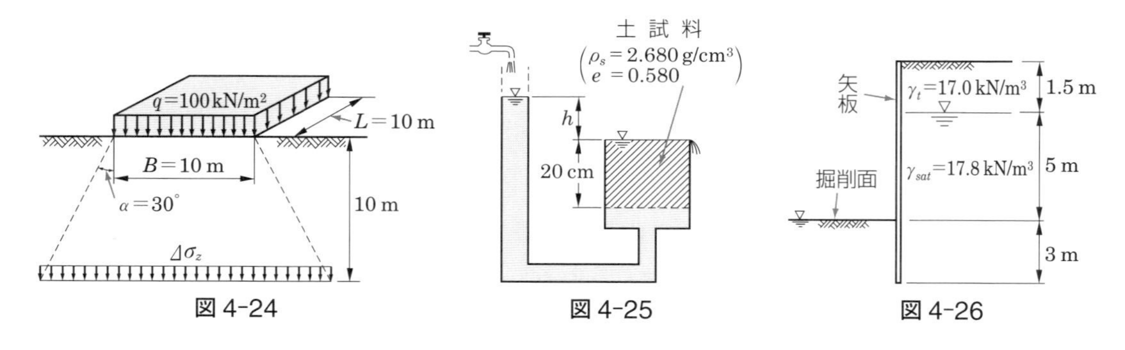

図 4-24　図 4-25　図 4-26

第5章

# 土の圧密

**地盤沈下による井戸の抜け上がり**　地下水のくみ上げにより，土中の水位が低下し，圧密沈下が生じた。

土に外力が加わると，土粒子相互の間隔が密になり，間げき中の水や空気が排出されて，間げきの体積が減少し，密度が高くなる。砂質土と飽和した粘性土では，この現象の現れ方に大きな違いがある。

砂質土の場合は，間げきの体積の減少のさいに排水をともなっても，透水性が高いために短時間で体積減少が終了してしまう。飽和した粘性土の場合は透水性が低いため，水の排出に時間がかかり体積の減少が遅れる。このような時間の遅れをともなう体積の減少を圧密という。地盤上に構造物を建設する場合，それが将来どれくらい沈下するか，また，その沈下が時間の経過とともにどのようにすすむかを予測する必要があり，この粘性土の圧密に関する性質をじゅうぶん理解することがたいせつである。

●圧密とは，どのような現象であり，それを調べるための圧密試験とはどのようなものだろうか。
●圧密による地表面の沈下量を推定するにはどのような方法があるのだろうか。
●圧密に要する時間を推定する方法にはどのような方法があるのだろうか。

# 1 圧密現象と圧密試験

## 1 土の圧縮と圧密

一般に，物体に圧縮力を加えたとき，力の作用方向に縮むことを**圧縮**❶という。鋼やコンクリートは，圧縮力を加えた場合に瞬時に圧縮が終わり，その量も小さい。それらは，圧縮力が比較的大きくても弾性を示す。これに対し，土は間げきをもっているため，小さな圧縮力でも大きな圧縮が時間とともに生じ，その圧縮のほとんどは塑性変形である。

❶compression

土に圧縮力を加えた場合の圧縮には，間げき中の空気や水が追い出されて生じる間げきの体積の減少による圧縮と，形状の変化による圧縮とがある。いま，これらの圧縮の内容を分類すると，図 5-1のように説明される。地盤に荷重が加えられることによって，これらの圧縮が生じ，地表面が沈下する現象として現れる。

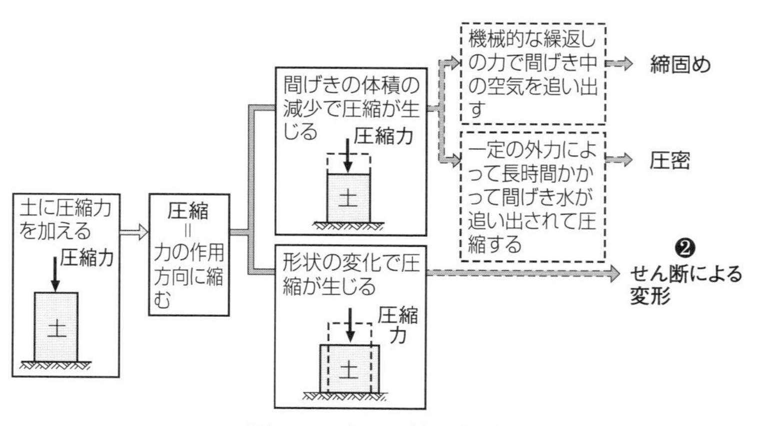


図 5-1　土の圧縮と変形

❷第 6 章(p. 93)参照。

間げきの体積の減少で生じる圧縮は，砂質土の場合，飽和していても透水性が高いので，水が抜けやすく，比較的短い時間に生じるが，粘性土の場合は，透水性が低いので，圧縮に時間の遅れをともない長時間かかって生じる。しかも，粘性土は，砂質土に比べて間げきの体積が大きいため圧縮量も大きくなる。

このように，透水性の低い土が外力を受け，長時間かかって体積が減少していくような圧縮を**圧密**❸という。

❸consolidation

## 2 圧密現象

圧密現象をテルツァギ[1]は，図 5-2 に示す水がはいった円筒形容器の中にばねをつけたピストンによる模型で説明した。

[1] Terzaghi

図において，ばねは土の骨格を表し，容器内の水は土中の間げき水を示す。また，ピストンにあけられている孔の大きさとその数は，粘土の低い透水性に対応するようにつくられている。

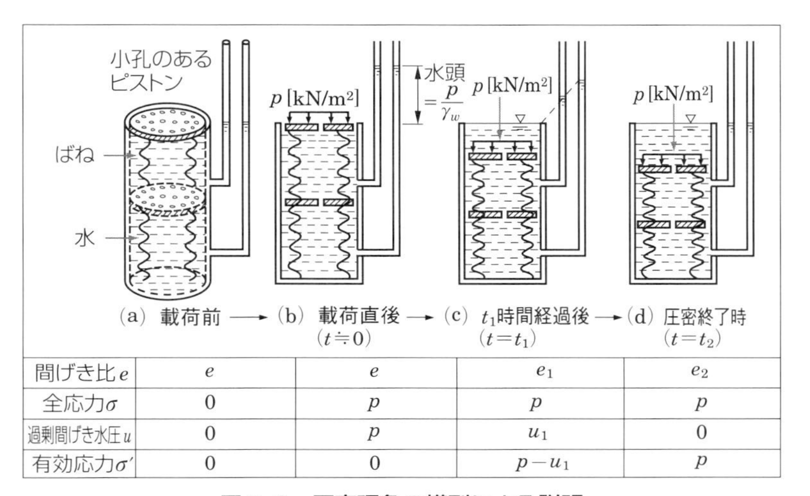


| | | | | |
|---|---|---|---|---|
| 間げき比 $e$ | $e$ | $e$ | $e_1$ | $e_2$ |
| 全応力 $\sigma$ | 0 | $p$ | $p$ | $p$ |
| 過剰間げき水圧 $u$ | 0 | $p$ | $u_1$ | 0 |
| 有効応力 $\sigma'$ | 0 | 0 | $p-u_1$ | $p$ |

**図 5-2　圧密現象の模型による説明**

圧力が加えられるまえは，図(a)のように，容器内の水には過剰間げき水圧 $u$ も，ばねすなわち土の骨格に生じる有効応力 $\sigma'$ も 0 であり，全応力 $\sigma = u + \sigma'$ も 0 である[2]。

[2] 実際の地盤では，載荷前には，土の自重による有効応力と静水圧が，全応力として働いている。

ピストンの上に圧力 $p$ を加えた直後は，孔が小さいため水が排出されないので，水が抵抗して，図(b)のように，ピストンは下がらずばねは変形しない。したがって，ばねには圧力が伝わっていないので，加えられた圧力は，容器内の水に過剰間げき水圧として受けもたれ，次のようになる。

$$\boldsymbol{u} = \boldsymbol{p}, \quad \sigma' = 0, \quad \sigma = \boldsymbol{u} + 0 = \boldsymbol{p} \qquad (5\text{-}1)$$

次に，ある時間 $t$ が経過すると，孔から水が徐々に排出されピストンが沈下し，図(c)のように，ばねが加えられた圧力の一部を支えて変形し，ばねが支えている分だけ，過剰間げき水圧が減少する。このときには，次の関係がなりたつ。

$$\sigma = \sigma' + u = p \qquad (5\text{-}2)$$

さらに時間が経過するとピストンの沈下が止まり，図5-2(d)のように，ばねがすべての圧力を支え，過剰間げき水圧はなくなり，沈下が停止する。すなわち，次のようになる。

$$u = 0,\ \sigma' = p,\ \sigma = 0 + \sigma' = p \qquad (5\text{-}3)$$

圧力$p$による圧密は，このときに終了したことになる。

# 3 圧密試験

## 1 試験方法

粘性土の圧密についての性質は，圧密試験❶によって求められる。

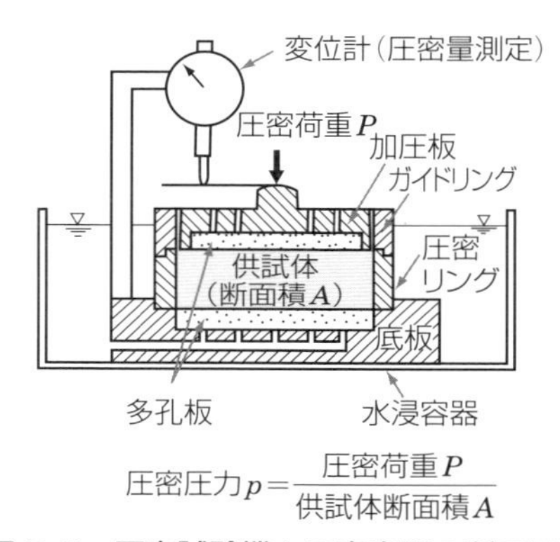


$$\text{圧密圧力}\,p = \frac{\text{圧密荷重}\,P}{\text{供試体断面積}\,A}$$

**図5-3 圧密試験機と圧密容器の断面図**

この試験は，図5-3に示すように，直径6 cm，高さ2 cmに成形した供試体を，側方に変形しないように圧密リングに入れ，上から圧密圧力を加えて行われる。供試体の中の間げき水は，上下面の多孔板から排出される。ふつう，最初に9.81 kN/$m^2$の小さな圧力を加え，24時間にわたり経過時間と圧密量❷の関係を測定する。さらに，圧力をまえの圧力の2倍になるように，段階的に増加させながら，それぞれの圧力段階ごとに24時間かけて経過時間と圧密量の関係を測定する。この関係をまとめると図5-4になる❸。

なお，最終の圧力は，その土試料が地中で受けていた土被り圧に，新たに構造物などから受ける増加圧力を加えた値以上にする。

❶ここで説明する圧密試験は，一般によく用いられるJIS A 1217（土の段階載荷による圧密試験方法）による方法である。
この方法以外にも，試験時間が短く，超軟弱粘土の低応力域の圧密特性などが得られるJIS A 1227（土の定ひずみ速度載荷による圧密試験方法）が定められている。

❷本書では，試験室で供試体を圧密した場合の沈下量を圧密量とし，地盤における圧密による沈下量を圧密沈下量とする。

❸ふつう，最終の圧力段階による圧密が終わったのち，図5-4に示すように，最初の圧力段階の9.81 kN/$m^2$まで除荷し，このときの測定も行う。

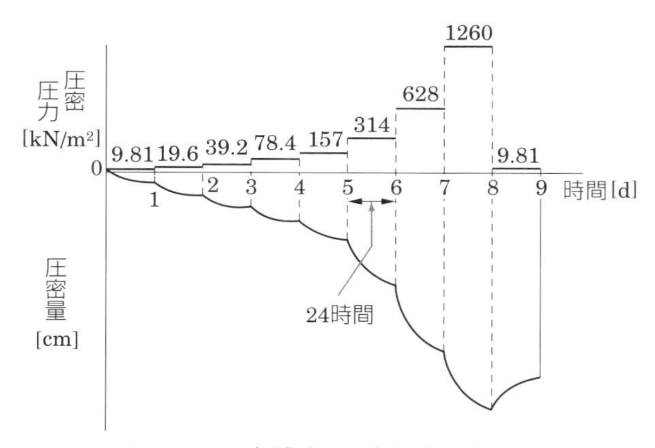


図 5-4　圧密試験の圧力段階と沈下量

## 2　試験結果の整理

圧密試験の結果，それぞれの圧力段階における経過時間と圧密量の測定データが得られる。これらのデータを各圧力段階ごとに，全圧力段階について整理することにより，圧密沈下量や沈下時間を推定するのに必要な係数が，図 5-5 のように求められる。

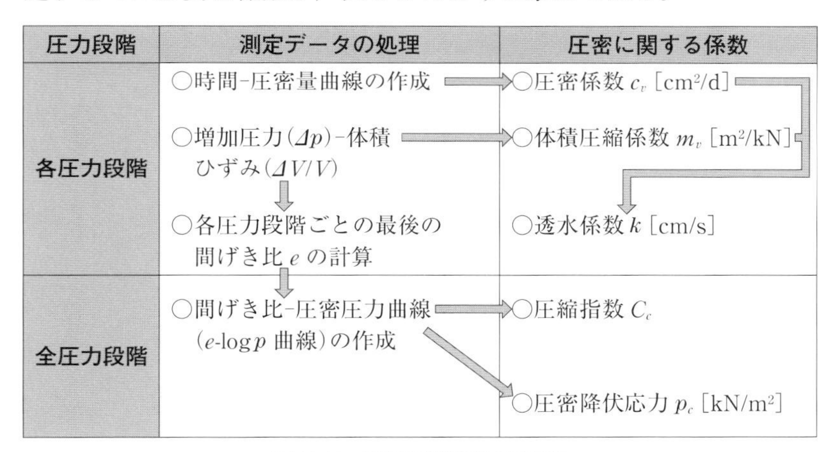


図 5-5　圧密試験結果の整理

# 2 土の圧縮性と圧密沈下量

## 1 土の圧縮性を表す係数

圧密沈下量を計算するには，圧密試験から得られる圧力の増加にともなう間げき体積の変化，すなわち各圧力段階ごとに，その圧力で圧密されたのちの間げき比を知る必要がある。

図 5-6(a)に示すような高さ $h$，間げき比 $e$ の供試体を，増加圧力 $\varDelta p$ で圧密したところ，図(b)に示すように，高さと間げき比は，それぞれ $h_1$，$e_1$ になった。ここで，$e$ および $e_1$ は，供試体の断面積 $A$ が一定であるから，供試体の高さ $h$ と，土粒子部分の高さ $h_s$ との関係から，次式で表される。

**圧密開始前**

$$\boldsymbol{e = \frac{V_v}{V_s} = \frac{hA - h_sA}{h_sA} = \frac{h}{h_s} - 1} \qquad (5\text{-}4)$$

**圧密終了後**

$$\boldsymbol{e_1 = \frac{h_1}{h_s} - 1} \qquad (5\text{-}5)$$

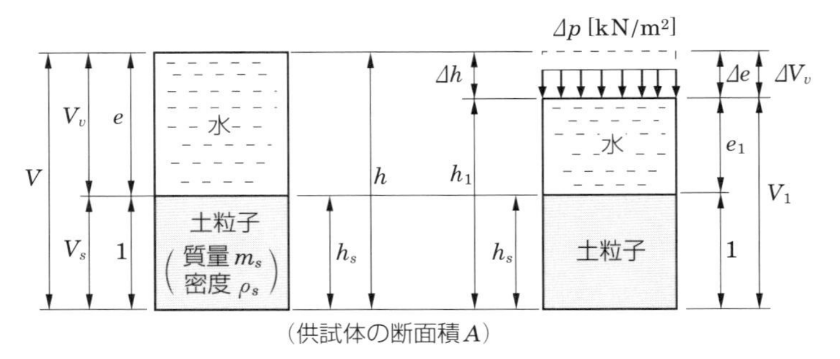


(a) 圧密開始前　(b) 圧密終了後

**図 5-6　圧密による間げき比の変化**

一つの供試体については，$h_s$ は一定であるから，高さ $h$ の変化を測定すれば，それに応じた間げき比が，式(5-4)から求められる。

ここで，土粒子部分の高さ $h_s$ は，土粒子の質量 $m_s$ とその密度 $\rho_s$ から，次式で与えられる。

$$\boldsymbol{h_s = \frac{m_s}{\rho_s A}} \quad [\mathrm{cm}] \qquad (5\text{-}6)$$

また，図(b)のように，圧力が $\varDelta p$ 増加して供試体が $\varDelta h$ 圧縮されたとき，間げき比の変化量 $\varDelta e$ は，次のようになる。

$$\varDelta e = e - e_1 = \frac{\varDelta h}{h_s} = \frac{\varDelta h(1+e)}{h} \quad (5\text{-}7)$$

圧密圧力と供試体の圧密量との関係を示すものに，供試体の体積ひずみ $\varepsilon_v = \varDelta V/V$ と増加圧力$\varDelta p$ との比から求まる**体積圧縮係数**[1] $m_v$ がある。これは増加圧力に対する土の体積の減少の程度を表す係数である。この場合，供試体の断面積が一定であるから，体積ひずみ $\varepsilon_v$ は，圧縮ひずみ $\varepsilon = \varDelta h/h$ と等しくなり，体積圧縮係数 $m_v$ は次のようになる。

[1] coefficient of volume compressibility

$$m_v = \frac{\varepsilon_v}{\varDelta p} = \frac{\frac{\varDelta V}{V}}{\varDelta p} = \frac{\frac{\varDelta h}{h}}{\varDelta p} = \frac{\varepsilon}{\varDelta p} \quad [\mathrm{m^2/kN}] \quad (5\text{-}8)$$

さらに，各圧力段階ごとにおける 24 時間圧密後の間げき比 $e$ と，圧密圧力 $p$ との関係について，横軸に対数目盛で $p$ を，縦軸に普通目盛で $e$ をとって表せば，図 5-7 に示す ***e*-log*p* 曲線**[2]が得られる。この曲線における直線部分の傾きは，圧密圧力の増加にともなって間げき比が減少していく割合を示し，これを**圧縮指数**[3] $C_c$ といい，次式で表される。

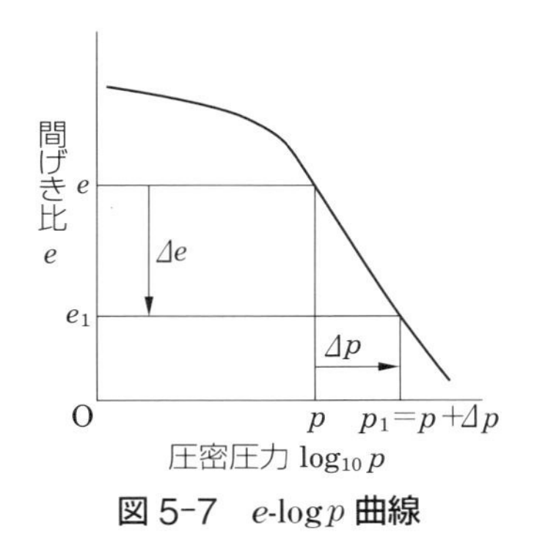

図 5-7　*e*-log*p* 曲線

[2] *e*-log*p* curve

[3] compression index

$$C_c = \frac{e - e_1}{\log_{10} p_1 - \log_{10} p} = \frac{\varDelta e}{\log_{10}\dfrac{p+\varDelta p}{p}} \quad (5\text{-}9)\text{[4]}$$

[4] スケンプトン(Skempton)は，あまり鋭敏でない乱さない粘性土に対して，圧密指数 $C_c$ と液性限界 $w_L$ の関係を実験結果から，
$C_c = 0.009(w_L - 10)$
と表している。

この圧縮係数 $C_c$ は，次に学ぶ正規圧密を示す領域において求められる。

**例題 1**　高さが 2 cm の粘性土の供試体に$\varDelta p = 314\ \mathrm{kN/m^2}$ を加え圧密させたところ，高さは 1.473 cm になった。この場合の体積圧縮係数 $m_v$ を求めよ。

**解答**　このときの圧密量$\varDelta h$ は，$\varDelta h = 2.000 - 1.473 = 0.527$ cm となり，体積圧縮係数 $m_v$ は，式(5-8)から，

$$m_v = \frac{\varDelta h/h}{\varDelta p} = \frac{0.527/2}{314} = 8.39 \times 10^{-4}\ \mathrm{m^2/kN}$$

## 2 過圧密と正規圧密

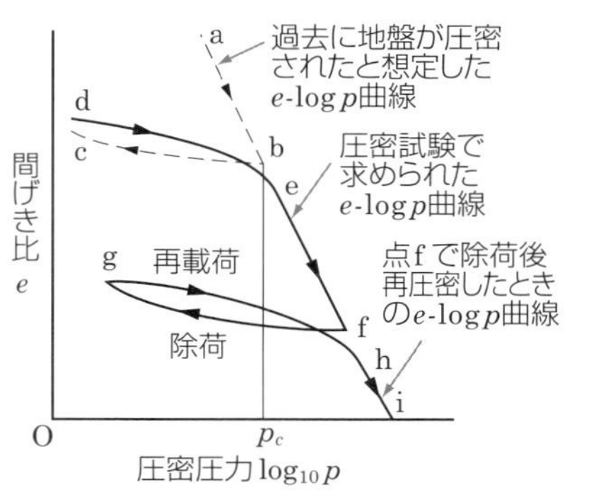


図 5-8　圧密降伏応力 $p_c$ の説明

地盤のある深さから採取した乱さない粘性土について圧密試験を行うと，$e$-log$p$ 曲線は，図 5-7 や図 5-8 における実線 def のような形になるのがふつうである。

図 5-8 において，間げき比 $e$ は，最初 de のようななだらかな曲線で減少するが，点 $e$ を超すと $e$-log$p$ 曲線は直線になる。次に，載荷途中の点 f で圧力を除くと土は膨張し，間げき比 $e$ は fg のような経路をたどって増加するが，はじめの点 d の間げき比までは戻らない。その土にふたたび圧力を加えていくと，もとの経路の fg をたどらないで，de に似た形の gh の経路をたどって圧密され，点 h を超えると，$e$-log$p$ 曲線は ef 線の延長上の直線 hi となる。

このことから，土試料が採取されるまでは，自然の地盤中で土被り圧などによって破線の点 a から点 b まで圧密されていたものが，採取によって土被り圧が取り除かれることで bc の経路で膨張し，その後試験室で再圧密されたことで，def の曲線が得られたと考えられる。

また，除荷時の膨張の過程が示す fg の曲線と，除荷後の再圧密の過程が示す gh の曲線が，ほぼ同じ経路をたどることから，この部分では，土試料が弾性的な挙動を示していることがわかる。同様に de の経路についても弾性的な挙動を示している。これに対し，ef，hi の経路は，回復不可能な経路で土試料が塑性的な挙動を示している。

つまり，点 b の圧密圧力で，土試料は弾性から塑性へ降伏したことを示している。この点の圧力を**圧密降伏応力**❶ $p_c$ という。

いま，ある地盤中において，粘土の現在受けている圧力が，その粘土の圧密試験で求められる $p_c$ より小さな状態にあるとき，地盤におけるその粘土は**過圧密**❷の状態にあるといい❸，この状態にある粘土を**過圧密粘土**❹という。また，地盤における粘土の現在受けている圧力が，その粘土から求められた $p_c$ と等しい状態にあるとき，その粘土は**正規圧密**❺の状態にあるといい，この状態にある粘土を**正規圧密粘土**❻という。したがって，過圧密粘土でも，新たな載荷によっ

❶consolidation yield-stress
❷overconsolidation
❸過圧密の程度を表すのに過圧密比がある。過圧密比は，$p_c$ と，粘土が現在受けている圧密圧力 $p_t$ との比 $p_c/p_t$ で表される。
❹overconsolidated clay
❺normal consolidation
❻normally consolidated clay

て受けた圧密圧力が$p_c$より大きくなれば，その粘土は正規圧密状態になる。

また粘土が地盤中でこれまでに受けた最大の圧密圧力のことを**先行圧密圧力**$p_0$[1]という。室内試験で繰り返し圧密を行う場合は，$p_c$と$p_0$は一致するが，自然地盤では堆積してから長時間にわたって土被り圧を受け続け，二次圧密[2]が継続して生じ，土粒子どうしが結合力を増し，強度増加が起こり，圧密降伏応力$p_c$が先行圧密圧力$p_0$よりも大きくなることが多い[3]。

なお，圧密降伏応力$p_c$と現在の土被り圧がわかれば，その土が正規圧密状態であるか，過圧密状態であるかを知ることができる。圧密沈下が問題となる地盤の圧密沈下量を推定する場合には，その地盤がどのような状態にあるかを知っておくことが必要である。

[1] preconsolidation pressure

[2] p. 89 参照。

[3] 土が現在受けている土被り圧$p_0$より大きな圧密圧力を受けたことがないのに，$p_c$が$p_0$より大きくなる場合，この粘土を疑似過圧密粘土とよぶことがある。

**例題 2**

ある飽和粘土について，圧密試験を行い，次表の結果を得た。$e$-log$p$曲線を描き，圧縮指数$C_c$と圧密降伏応力$p_c$を求めよ。

| 圧力段階 | 1 | 2 | 3 | 4 | 5 | 6 |
|---|---|---|---|---|---|---|
| 圧密圧力$p$ [kN/m²] | 9.81 | 19.6 | 39.2 | 78.4 | 157 | 314 |
| 間げき比$e$ | 2.630 | 2.570 | 2.420 | 2.170 | 1.900 | 1.660 |

**解答**

試験結果から$e$-log$p$曲線を描くと，図 5-9 が得られる。ここで，まず圧縮指数$C_c$を求める。

$e$-log$p$曲線の直線部分を上方へ延長して，$e$と$p$の関係を読み取れば，圧縮指数$C_c$は，式(5-9)から，次のように求められる。

$$C_c = \frac{e_1 - e_2}{\log_{10} p_2 - \log_{10} p_1} = \frac{2.660 - 1.810}{\log_{10} 200 - \log_{10} 20}$$

$$= \frac{2.660 - 1.810}{\log_{10} \dfrac{200}{20}} = \mathbf{0.85}$$

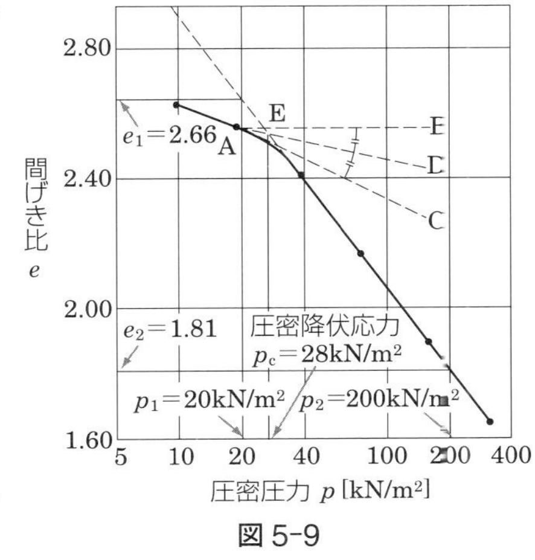


図 5-9

次に，圧密降伏応力$p_c$を JIS に定められた方法で求める。

図 5-9 において，$e$-log$p$曲線の最大曲率の点 A を求め，この点から水平線 AB および曲線への接線 AC を引く。この二つの直線のなす角の二等分線 AD と$e$-log$p$曲線の最急傾斜の直線部分の延長との交点 E を求めれば，圧密降伏圧力は$p_c$ = 28 kN/m² と得られる。

# 3 圧密沈下量の計算

図5-10(a)に示す高さ $h$，間げき比 $e$ の供試体を増加圧力 $\Delta p$ で圧密したところ，図(b)のように，圧密量 $\Delta h$ が生じ，間げき比 $e$ は $e_1$ となった。このとき，供試体の圧密量 $\Delta h$ は，式(5-7)から次のようになる。

$$\Delta h = h\frac{e - e_1}{1 + e} = h\frac{\Delta e}{1 + e} \quad [\mathrm{cm}] \qquad (5\text{-}10)$$

図(a)，(b)の供試体の圧密のようすを，地盤における圧密沈下に対応させれば，それぞれ図5-11に示すようになる。

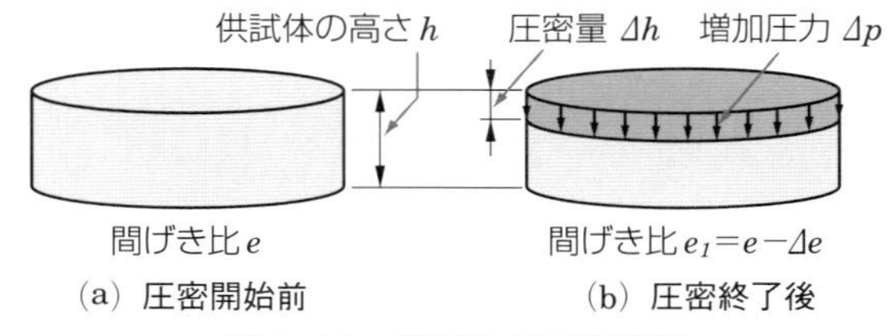

図5-10　供試体の圧密沈下

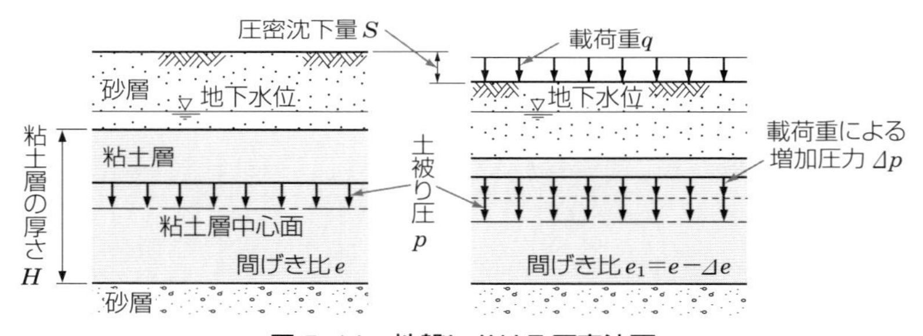

図5-11　地盤における圧密沈下

いま，地盤の粘土層の厚さを $H$，載荷重による間げき比の変化量を $\Delta e$ としたとき，地盤の圧密沈下量 $S$ は，式(5-10)において，$\Delta h$ を $S$，$h$ を $H$ に置き換えて，

$$S = H\frac{e - e_1}{1 + e} = H\frac{\Delta e}{1 + e} \quad [\mathrm{cm}] \qquad (5\text{-}11)$$ ❶

❶圧密沈下量を算定する場合は，地盤の圧密状態に関係なく，$e$-$\log p$ 曲線から，現在の土被り圧 $p$ に対する間げき比 $e$ と $p + \Delta p$ に対する間げき比 $e_1$ を読み取って計算される。

さらに，圧密沈下量 $S$ は，圧縮指数 $C_c$ を用いると，式(5-9)および式(5-11)から，

$$\boldsymbol{S = H\frac{C_c}{1+e}\log_{10}\frac{p+\Delta p}{p}} \quad [\mathrm{cm}] \qquad (5\text{-}12)$$ ❶

また，体積圧縮係数 $m_v$ を用いると，式(5-8)において，$\Delta h$ を $S$，$h$ を $H$ に置き換えて，次のようになる。

$$\boldsymbol{S = Hm_v\Delta p} \quad [\mathrm{cm}] \qquad (5\text{-}13)$$ ❷

❶過圧密粘土では，現在の圧密圧力 $p$ から圧密降伏応力 $p_c$ までの圧力増分によっては，沈下は生じないものとし，$p_c$ を超える圧力増分による沈下量を求めることが多い。このとき，現在の間げき比 $e$ を求め，分母の $p$ を $p_c$ と置いて求める。

❷海成粘土のように，地盤が均一な粘土の場合や，$\Delta p$ が小さな条件の場合に適用されることが多い。

**例題 3**

図 5-12 のような地盤の地表面全体に高さ 3 m の盛土が置かれた場合の圧密沈下量 $S$ を，次の順序で算定せよ。ただし，粘土層は，正規圧密状態にあるものとする。

(1)　盛土前の粘土層の中心面における土被り圧 $p$

(2)　盛土による増加圧力 $\Delta p$ とそれによる粘土層の圧密沈下量 $S$

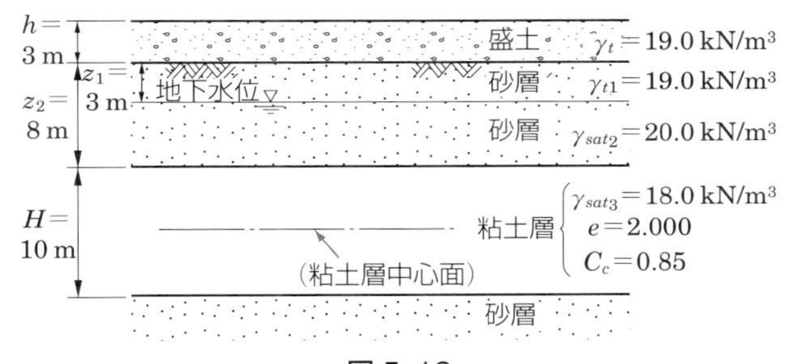


図 5-12

**解答**

(1)　盛土前の粘土層中心における水平面上の土被り圧 $p$ は，

$$p = \gamma_{t1}z_1 + (\gamma_{sat2} - \gamma_w)\ (z_2 - z_1) + (\gamma_{sat3} - \gamma_w)\frac{H}{2}$$

$$= 19.0\times3 + (20.0-9.8)\times(8-3) + (18.0-9.8)\times\frac{10}{2} = \mathbf{149\ kN/m^2}$$

(2)　盛土の荷重がそのまま粘土層中心面に伝わるので，生じる増加圧力 $\Delta p$ は，

$$\Delta p = \gamma_t h = 19.0 \times 3.0 = \mathbf{57.0\ kN/m^2}$$

粘土層は正規圧密状態であるから $p_c = p$ であり，圧密沈下量 $S$ は式(5-12)から，

$$S = H\frac{C_c}{1+e}\log_{10}\frac{p+\Delta p}{p}$$

$$= 10\times\frac{0.85}{1+2.000}\times\log_{10}\frac{149+57.0}{149} = 0.399\mathrm{m} = \mathbf{39.9\ cm}$$

# 3 沈下時間

## 1 時間経過と沈下の進行

圧密試験を行い，圧密沈下の時間的な進行のようすを調べると，時間経過と圧密量の関係は，経過時間を横軸に対数目盛で，圧密量を縦軸に普通目盛でとると，図 5-13 が得られる。

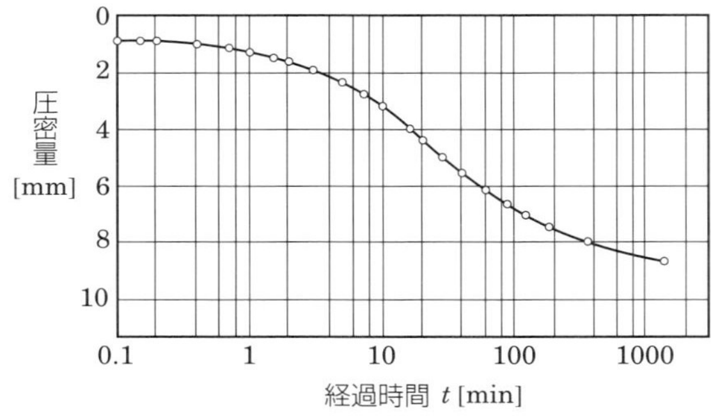


図 5-13　時間-圧密量曲線

このような時間的な圧密進行のようすを理論的に説明するために，テルツァギは，次のような仮定に基づいて圧密理論を組み立てた。

(1)　地盤は均質で，間げきは完全に水で飽和されている。

(2)　土粒子および水の圧縮性は無視できる。

(3)　小さな供試体で示される性質は，実際の地盤にも適用できる。

(4)　圧密は一軸的(一次元的)に起こり，間げき水の流れも一軸的で，ダルシーの法則に従う。

(5)　$k$，$m_v$ および圧密係数 $c_v$ は，圧密中一定で変化しない。

(6)　$e$ と $p$ の間には，直線的な関係がなりたつ。

これらの仮定は，どれも実際の地盤とは差があるため，解析の結果に誤差が生じる。その誤差は，沈下時間の推定に対して，大きく影響すると考えられるが，このテルツァギの圧密理論に基づく解析が，現在のところ実用的な方法とされている。

圧密理論において，圧密の進行する速さに関する係数として使われる**圧密係数**[1] $c_v$ は，透水係数 $k$ [cm/d]，体積圧縮係数 $m_v$ [cm$^2$/kN] および，水の単位体積重量 $\gamma_w$ [kN/cm$^3$] を用いて，次式のように定義される[2]。

[1] coefficient of consolidation

[2] 粘土の $c_v$ 値は，理論的に求められた $U$ と $T_v$ の関係を利用して，圧密試験の結果から圧力段階ごとに求められている。

　この $c_v$ を求める方法には，$\sqrt{t}$ 法と曲線定規法があり，JIS A 1217 に詳しく規定されている。

　わが国の沖積粘土の場合，正規圧密の範囲で $c_v$ = 10〜100 cm$^2$/d 程度であるといわれている。

$$c_v = \frac{k}{m_v \gamma_w} \quad [\mathrm{cm^2/d}] \qquad (5\text{-}14)$$

さらに，圧密の進行の程度を表すものとして，**圧密度**❶ $U$ が用いられる。ある圧力によって圧密されて，時間 $t$ だけ経過したときの $U$ は，次式で表される。

❶degree of consolidation

5

$$U = \frac{u - u_t}{u} \times 100 = \left(1 - \frac{u_t}{u}\right) \times 100 \quad [\%] \qquad (5\text{-}15)$$

$u$：初期過剰間げき水圧（載荷直後の過剰間げき水圧）[kN/m²]，
$u_t$：時間 $t$ 経過したときの過剰間げき水圧 [kN/m²]

また，$U$ は，時間 $t$ 経過したときの圧密沈下量を $S_t$，最終圧密沈下量を $S$ とすると，次のように表すこともできる。

10

$$U = \frac{S_t}{S} \times 100 \quad [\%] \qquad (5\text{-}16)$$

ここで，沈下時間 $t$ のときの圧密度 $U$ は，圧密係数 $c_v$ と間げき水の排水経路の長さ $H'$（図 5-15）との間に関連性をもつものである。これらの $t$，$c_v$，$H'$ の関係を，

$$T_v = \frac{c_v t}{(H')^2} \qquad (5\text{-}17)$$

15

で表した $T_v$ を**時間係数**❷といい，$T_v$ とその $U$ の間には，図 5-14 のような理論的な関係がなりたつ。これは，地盤における圧密度 $U$ と沈下時間 $t$ の関係を知るのに用いられる。

❷time factor

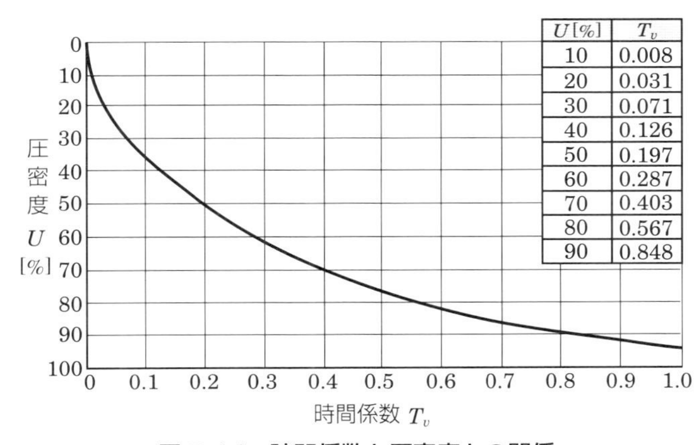


| $U$ [%] | $T_v$ |
|---|---|
| 10 | 0.008 |
| 20 | 0.031 |
| 30 | 0.071 |
| 40 | 0.126 |
| 50 | 0.197 |
| 60 | 0.287 |
| 70 | 0.403 |
| 80 | 0.567 |
| 90 | 0.848 |

図 5-14　時間係数と圧密度との関係

## 2 沈下時間の計算

地盤がある圧密度 $U$ に達するまでに要する沈下時間 $t$ は，粘土層の排水経路の長さ(排水距離) $H'$ と，圧密係数 $c_v$ およびその $U$ に対応する時間係数 $T_v$ がわかれば，式(5-17)から次のようになる。

$$t = \frac{T_v (H')^2}{c_v} \quad [\mathrm{d}] \qquad (5\text{-}18)$$

5

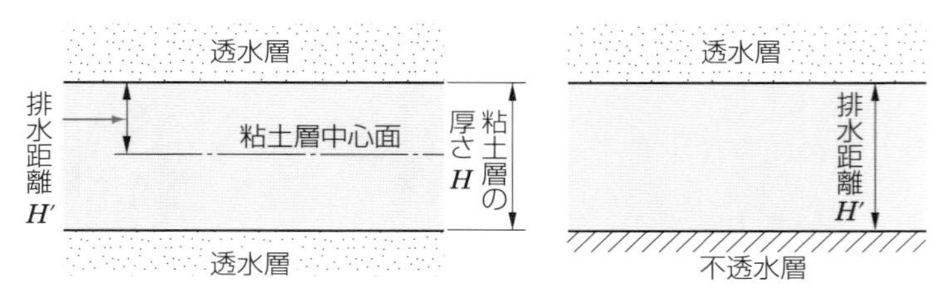


(a) 両面排水 $(H' = \frac{1}{2}H)$　(b) 片面排水 $(H' = H)$

**図 5-15 排水距離 $H'$ のとり方**

この場合の排水距離 $H'$ のとり方は，地盤の条件により異なり，粘土層の上下が透水層の両面排水の場合は，図 5-15(a)のようになり，粘土層の上下のどちらかが不透水層である片面排水の場合は，図(b)のようになる。

圧密の途中のある時間 $t$ における，圧密沈下量 $S_t$ を求めることが必要な場合がある。このときは，最終圧密沈下量 $S$ を式(5-11)～(5-13)のいずれかで求め，時間 $t$ における圧密度 $U$ を定め，$S$ の $U$% の圧密沈下として圧密沈下量 $S_t$ が求められる。ここで，ある時間 $t$ に対応する圧密度 $U$ は，式(5-17)から時間係数 $T_v$ を求め，図 5-14 からこの時間係数 $T_v$ に対する値として得られる。

10

15

**例題 4** 上下とも砂層にはさまれた厚さ 10 m の飽和粘土層が，構造物荷重によって圧密され，その最終圧密沈下量が 50 cm と推定されている。

(1) この粘土層の最終圧密沈下量の 1/2 の沈下を生じるまでに要する日数を求めよ。

20

(2) 1 年後の粘土層の圧密度 $U$ およびそのときの圧密沈下量 $S_t$ を求めよ。

ただし，この粘土層の圧密係数は，圧密試験の結果から，$c_v = 39.9\ \mathrm{cm^2/d}$ と求められている。

(1)　式(5-16)から，この場合の圧密度は $U = 50\%$ になるので，図 5-14 を用いると，時間係数は $T_v = 0.197$ と求まる。

この粘土層の排水距離 $H'$ は両面排水であることから，$H' = 500\,\mathrm{cm}$ となる。よって沈下時間 $t$ は式(5-18)から，

$$t = \frac{T_v(H')^2}{c_v} = \frac{0.197 \times 500^2}{39.9} = \mathbf{1235\,d}$$

(2)　1 年を 365 日とすると，$t = 365\,\mathrm{d}$ に対応する時間係数 $T_v$ は，式(5-17)を用いて，

$$T_v = \frac{c_v t}{(H')^2} = \frac{39.9 \times 365}{500^2} = 0.058$$

したがって，$T_v = 0.058$ に対応する圧密度は，図から $U = 27\%$ と得られる。このときの圧密沈下量 $S_t$ は，式(5-16)によって，次のように求まる。

$$S_t = S \times \frac{U}{100} = 50 \times 0.27 = \mathbf{13.5\,cm}$$

## 3　一次圧密と二次圧密

乱さない粘土を圧密すると，図 5-13 と同様の図 5-16 の実線で示した圧密量-時間曲線が得られる。この試験曲線に，圧密理論から求められる理論曲線を重ねると，途中まではそれらの曲線は一致する。ところが理論曲線は，図 5-16 のように経過時間が大きくなれば圧密度 $U = 100\%$ の水平線に近づき，理論では圧密は終了する。

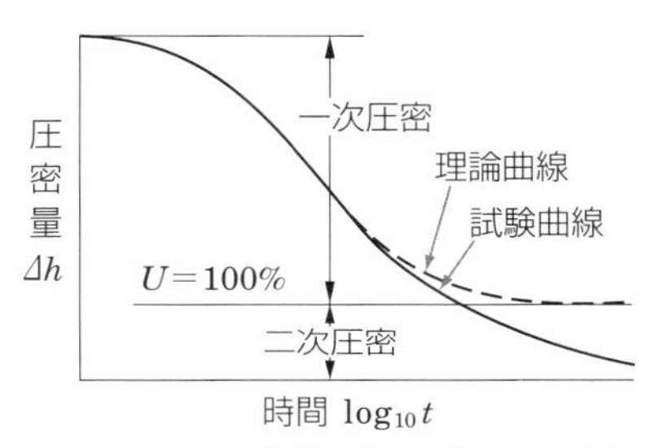


**図 5-16　圧密量と経過時間の関係**

しかし，試験曲線は，圧密途中から理論曲線と開きを生じ，$U = 100\%$ の線を超えてもなお沈下がつづく。$U = 100\%$ までのテルツァギの理論で説明できる圧密を**一次圧密**[1]，それ以降の圧密を**二次圧密**[2]という。

[1] primary consolidation
[2] secondary consolidation

## 排水距離と圧密時間−軟弱地盤改良工法の原理

軟弱な地盤を安定させるためには，その地盤を早く圧密させ，密な状態にする必要がある。たとえば，$c_v$，$T_v$ が同じ場合，式(5-18)の圧密時間 $t$ は，排水距離 $H'$ の 2 乗に比例することがわかる。つまり，排水距離が 2 倍になれば圧密時間は 4 倍となり，排水距離が半分になれば圧密時間は 1/4 になる。

一般に，図 5-17(a)のように厚く堆積している粘土層は，上下にしか排水されないため，排水距離がきわめて長くなり，圧密にひじょうに時間がかかる。そのため，図(b)のように，粘土層中に適当な間隔で砂柱(サンドパイル)を打ち込み，排水距離を短くして圧密を早く終わらせる方法(**サンドドレーン工法**)が用いられる。また，砂柱のかわりに透水性のよい特殊な紙を打ち込む方法(**ペーパードレーン工法**)も用いられる。さらに，確実な砂柱の施行のため，筒状の網に砂を入れて打ち込む方法(**パックドドレーン工法**)もよく用いられる。

これらの工法は，軟弱地盤の圧密を早く終わらせ，密な安定した地盤に改良する目的の工法であるため，**軟弱地盤改良工法**とよばれている。

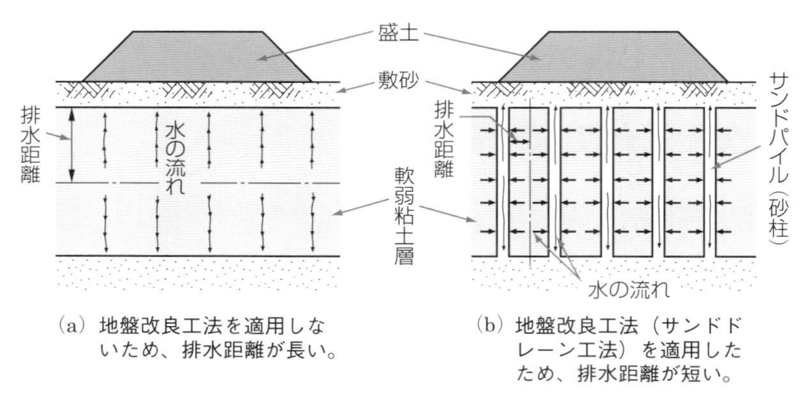


(a) 地盤改良工法を適用しないため、排水距離が長い。

(b) 地盤改良工法（サンドドレーン工法）を適用したため、排水距離が短い。

**図 5-17　地盤改良工法の原理**

専用の船で，海上から，海底の地盤にサンドドレーンを施工している。

**図 5-18　サンドドレーン工法の施工(羽田空港)**

## 第5章　章末問題

**1.** 直径6 cm，高さ2 cmの飽和粘土の供試体に78.4 kN/m$^2$の圧力を加えて圧密すると，圧密量が0.028 cmとなった。この供試体の乾燥後の質量は51.18 gであり，土粒子の密度は2.640 g/cm$^3$である。供試体の最初の間げき比$e$，圧密後の間げき比$e_1$，および体積圧縮係数$m_v$を求めよ。

**2.** ある土試料の$e$-$\log p$曲線から圧密圧力$p_1 = 157$ kN/m$^2$および$p_2 = 314$ kN/m$^2$に対する間げき比が$e_1 = 1.550$，$e_2 = 1.260$と得られた。このときの圧縮指数$C_c$を求めよ。

**3.** 図5-19のような地盤から地下水をくみ上げたところ，現在より地下水位が2 m低下した。このとき，地下水位より上の砂層の単位体積重量は$\gamma_t = 18.6$ kN/m$^3$になるものとする。粘土層中心面における地下水位の低下前後の土被り圧$p_1$，$p_2$をそれぞれ求めよ。また，この$p_1$のときの間げき比$e_1$を2.520，$p_2$のときの間げき比$e_2$を2.270とした場合の圧密沈下量$S$を求めよ。

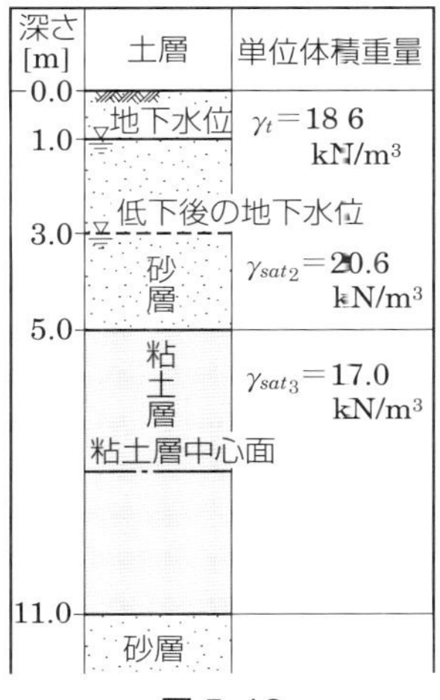


図5-19

**4.** 厚さ5 mの飽和粘土層がある。この粘土層は上下が砂層にはさまれており，中心面での土被り圧は40 kN/m$^2$である。また，圧密試験の結果，この粘土層は正規圧密状態で間げき比$e_0$は1.900で，圧縮指数$C_c$は0.86であることがわかった。地表面に構造物が建設され，粘土層中心面での土被り圧が40 kN/m$^2$だけ増加することが予測されるとき，粘土層の圧密沈下量を求めよ。

**5.** 図5-20のような正規圧密状態にある粘土地盤および構造物荷重の条件の場合における圧密沈下量$S$を，次の順序で算定せよ。

(1)　載荷重による増加圧力$\Delta p$

(2)　粘土層の圧密沈下量$S$

ただし，載荷重による増加圧力$\Delta p$は，載荷面のふちから2：1の割合で広がり，水平面上で等分布する概算法で求めよ。

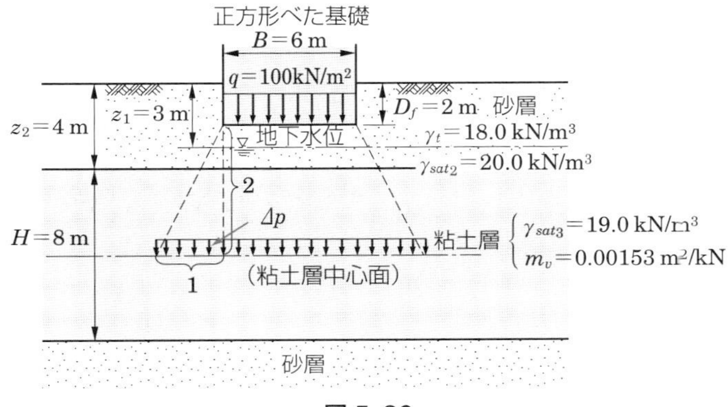


図5-20

**6.** 図5-21のような地盤土の粘土層中心面のところから乱さないで土試料を採取し，圧密試験を行ったところ，次表の結果が得られた。次の各問いに答えよ。

ただし，圧密試験に用いた供試体の断面積 $A = 28.26\ \mathrm{cm}^2$，土粒子の質量 $m_s = 48.45\ \mathrm{g}$，土粒子の密度 $\rho_s = 2.700\ \mathrm{g/cm}^3$ であった。

(1) 各圧力で圧密したのちの間げき比 $e$ を求めよ。

(2) $e$-$\log_{10}p$ 曲線を描き，圧密降伏応力 $p_c$ と圧縮指数 $C_c$ を求めよ。

(3) 粘土層中心面における土被り圧を求め，この粘土層は正規圧密粘土か過圧密粘土か調べてみよ。

(4) この地盤の地表面のひじょうに広い範囲にわたって $q = 100\ \mathrm{kN/m}^2$ の等分布荷重が載荷された。式(5-11)，式(5-12)を用いて，圧密沈下量 $S$ を求めよ。

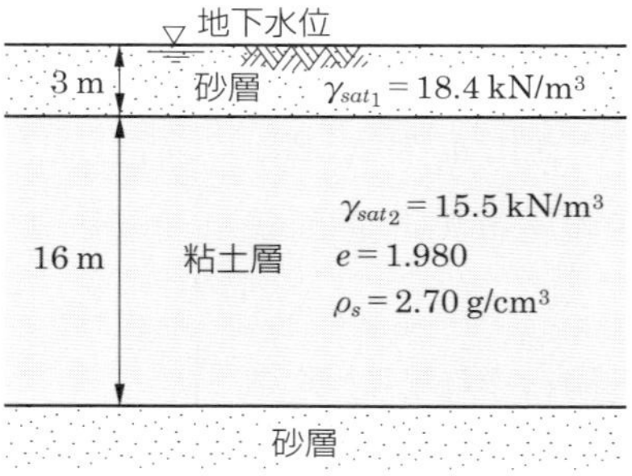

図5-21

| 圧密圧力 $p$ [kN/m²] | $p$ で圧密後の供試体の高さ $h$ [cm] |
|---|---|
| 0 | 2.000 |
| 9.81 | 1.987 |
| 19.6 | 1.971 |
| 39.2 | 1.936 |
| 78.4 | 1.855 |
| 157 | 1.659 |
| 314 | 1.465 |
| 628 | 1.327 |
| 1260 | 1.207 |

**7.** 例題4において，飽和粘土層の下面が不透水層であるとした場合について，25 cmの沈下を生じるまでに要する日数と，1年(365日)後の圧密沈下量 $S_t$ を求めよ。

**8.** 厚さ10 mの飽和した軟弱粘土層がある。この粘土層の圧密係数 $c_v = 36\ \mathrm{cm}^2/\mathrm{d}$ であるとき，圧密度 $U = 50\%$ に達するのに要する時間 $t$ を，その粘土層の上下面が透水層である場合と，片面が不透水層である場合について求めよ。

**9.** 上下が砂層にはさまれた厚さ4 mの飽和粘土層がある。この粘土層より採取した試料の圧密試験で，厚さ2 cmの供試体が圧密度 $U = 50\%$ に達するのに20分かかった。この粘土層が圧密度 $U = 90\%$ に達するのに何日かかるか求めよ。

# 土の強さ

土のすべり破壊

地盤に構造物を建造すると，土は外力を受け，土中にせん断応力が発生する。このせん断応力が土のもっているせん断強さを超えると，その地盤は破壊する。

土のせん断強さは，土の種類や含水量，その他外力の加わり方などの条件によって異なった値になり，その土について一定ではない。

土のせん断強さに関する知識を得ることは，第７章以降で学ぶ土圧の大きさや地盤の支持力を求めたり，斜面の安定計算を行うのに不可欠なことである。

●土のせん断強さは，どのようにして調べるのだろうか。

●土の種類によってせん断強さはどのように異なるのだろうか。

# 1 土のせん断強さ

土が外力を受けると，土中にせん断応力が発生する。土中のある面におけるせん断応力が土のせん断抵抗を超えると，すべりが生じ，すべり破壊が起こる。このすべり破壊を**せん断破壊**❶といい，この破壊する面を**すべり面**❷，せん断応力に対抗できる最大のせん断抵抗を**せん断強さ**❸という。せん断破壊は，すべり面があきらかでない場合もあるが，一般に，図6-1に示すように，すべり面に沿って破壊が起こる。

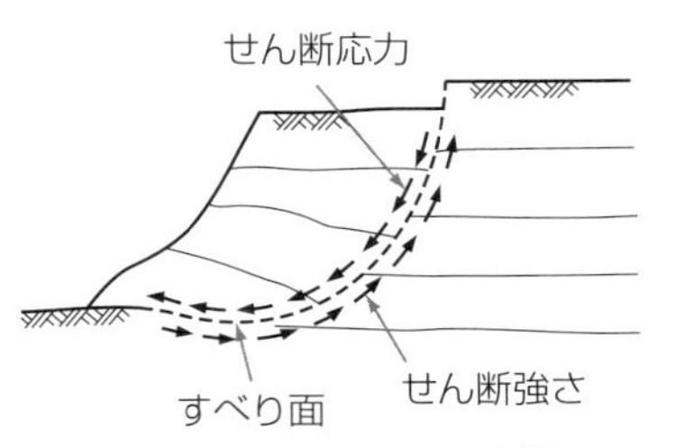

図 6-1　土のすべり破壊

❶shear failure
❷slip surface
❸shear strength

## 1 土のせん断強さの性質

土のせん断に対する抵抗の性質を調べるために，図6-2に示す上下二つに分かれるせん断箱に供試体を詰め，中央面をすべり面とするように，水平にせん断する一面せん断試験の場合を考える。

採取された土試料を用いて，円盤状の供試体を用意する。この供試体をせん断箱の中に詰め，一定の垂直力 $P$ を加えたまま，水平方向にせん断力を加えながら，せん断力 $S$ を測定していく。垂直応力 $\sigma$ は，供試体の断面積を $A$ とすると，

$$\sigma = \frac{P}{A} \quad [\mathrm{kN/m^2}] \tag{6-1}$$

となる。この供試体の破壊時におけるせん断力が $S_f$ と測定されたとすると，このときのせん断応力 $\tau_f$ は，

$$\tau_f = \frac{S_f}{A} \quad [\mathrm{kN/m^2}] \tag{6-2}$$

で求められる。この $\tau_f$ は，垂直応力 $\sigma$ が働く状態における最大のせん断抵抗に等しいから，せん断強さ $s$ を示していることになる。異なる大きさの垂直力 $P$ のもとで，同様の試験を数回行い，この結果得られた垂直応力 $\sigma$ と，せん断強さ $s$ との関係を，横軸に $\sigma$，縦軸に $s$ をとった座標面上に描くと，図6-3のようになる。

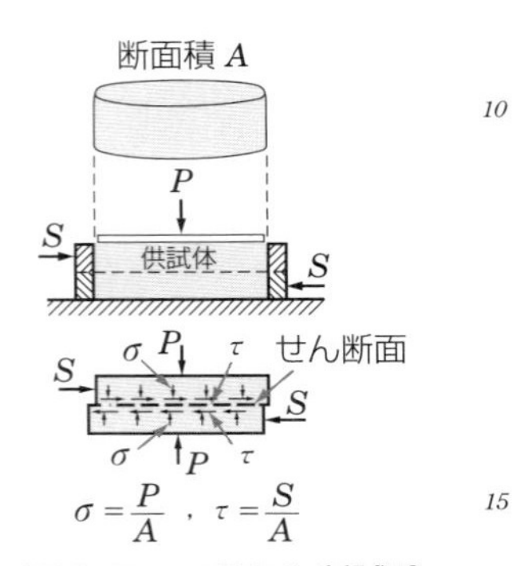

図 6-2　一面せん断試験

この図からもわかるように，ふつう，垂直応力 $\sigma$ とせん断強さ $s$

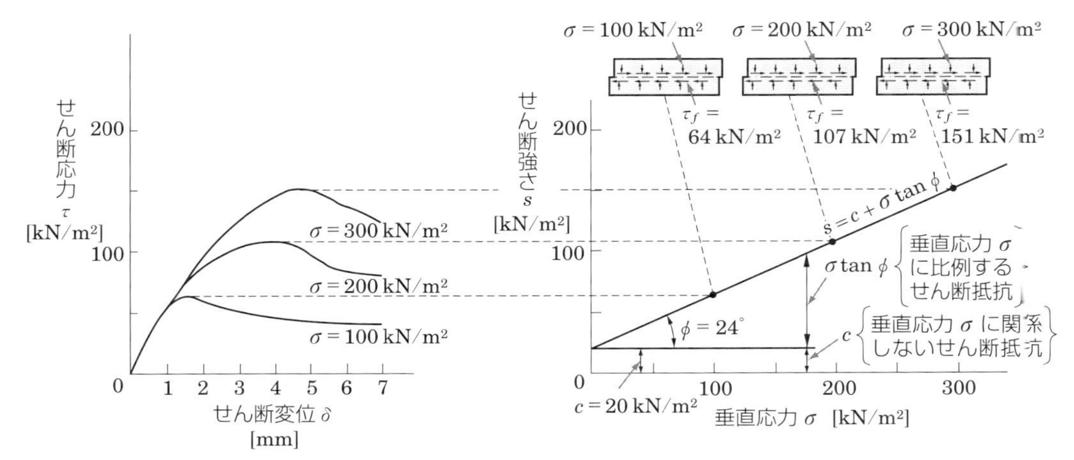


**図 6-3　土のせん断強さの説明**

の関係は，一つの直線で示される。この直線は，ある垂直応力のもとで，せん断に対してどれだけ抵抗できるかの関係を示しており，縦軸の切片を $c$，勾配の角度を $\phi$ とすると，次式で表される。

$$s = c + \sigma \tan \phi \quad [\mathrm{kN/m^2}] \qquad (6\text{-}3)$$

この式は，**クーロンの式**❶とよばれ，この式が示す直線は，**クーロンの破壊線**とよばれている。式(6-3)の右辺の第 1 項の $c$ は**粘着力**❷といい，垂直応力 $\sigma$ に関係なく発揮されるせん断抵抗である。粘着力は，土粒子のまわりの吸着水を通じて発揮される土粒子間の結合力等に基づくもので，微細な土粒子から構成される土ほど，一般に強く表れる。第 2 項の $\sigma \tan \phi$ は，垂直応力 $\sigma$ の増加に比例して変わるせん断抵抗で，この比例関係は摩擦においてみられる現象と同様であり，せん断抵抗の増加を表す角度 $\phi$ は，すべりに対する摩擦の性質を表していることから，**内部摩擦角**❸または**せん断抵抗角**❹という。砂では，$\phi$ の値の中に土粒子間相互の摩擦のほかに，かみ合わせによる抵抗も含まれる。一般に，この粘着力 $c$ と内部摩擦角 $\phi$ を合わせて土の**強度定数**❺とよんでいる。

❶Coulomb's expression
　クーロンの式は 2 つの物体面の間の摩擦法則である。
❷cohesion
❸internal friction angle
❹angle of shear resistance
❺strength parameter

現地の地盤が，破壊に対して発揮するせん断強さを考えるうえで，土質試験によって求められる粘着力 $c$，内部摩擦角 $\phi$ の値は，重要な役割をもつものである。

図 6-4 に示すような現地の地盤の安定計算において，仮定したすべり面上で，すべりを起こそうとするせん断応力 $\tau$ は，そのすべり

面に働く垂直応力 $\sigma$ に対応する値として求められる。また，そのせん断強さ $s$ は斜面を構成する土の $c$，$\phi$ の値がわかれば，その垂直応力 $\sigma$ を用いて式(6-3)で計算できる。このように求められたせん断強さ $s$ とせん断応力 $\tau$ との比較から安全性が検討される。

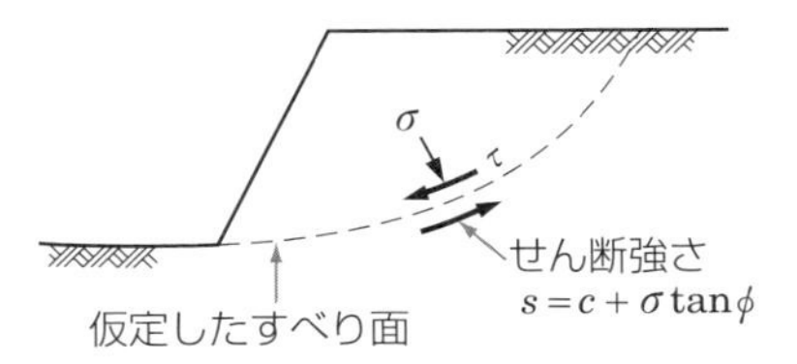


図 6-4　すべり面のせん断強さ

**例題 1**

(1)　ある斜面を構成する土の強度定数 $c$，$\phi$ の値を求めるために，直径 6 cm，高さ 2 cm の供試体を用いて，一面せん断試験を行い，次表の結果を得た。粘着力 $c$ と内部摩擦角 $\phi$ を求めよ。

| 垂直応力 $\sigma$ [kN/m²] | 100 | 200 | 300 |
|---|---|---|---|
| せん断強さ $s$ [kN/m²] | 64 | 117 | 171 |

(2)　この斜面内のある面に垂直応力 $\sigma = 120$ kN/m² と，せん断応力 $\tau = 50$ kN/m² が作用している。この面で発揮されるせん断強さ $s$ を求め，この斜面はすべり破壊するかどうかを調べよ。

**解答**

(1)　一面せん断試験結果の $\sigma$ と $s$ の関係を図示すると，図 6-5 のようになる。

図から粘着力 $c$ = **10 kN/m²**，内部摩擦角 $\phi$ = **28°** となる。

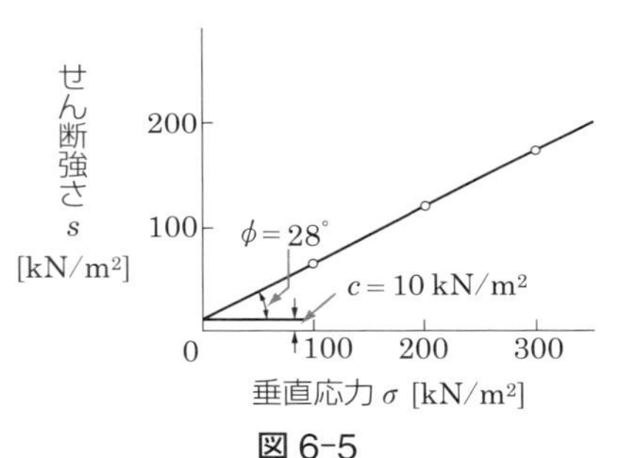


図 6-5

(2)　クーロンの式(6-3)から，せん断強さ $s$ は，次式で求められる。

$$s = c + \sigma \tan \phi = 10 + 120 \times \tan 28°$$
$$= \mathbf{73.8\ kN/m^2}$$

また，せん断応力 $\tau = 50$ kN/m² なので，

$$\tau\ (= 50\ \mathrm{kN/m^2}) < s\ (= 73.8\ \mathrm{kN/m^2})$$

したがって，**せん断強さのほうが大きく，この面ではすべり破壊しない。**

## 2　モールの応力円

土が外力を受けると，土中には応力が発生する。ここで，図 6-6 に示すように，土中の一点 O を通る一つの面 A-A に働く応力 $\sigma_p$ を考えると，この応力は二つの成分に分けられる。一つは，面に垂直な成分である垂直応力 $\sigma$ で，もう一つは，面に沿う成分であるせん断応力 $\tau$ である。実際の土中では，さまざまな方向から応力が作

用しているため，そのうち一つの任意の方向の応力が，図 6-7 に示すように垂直応力 $\sigma$ の方向と一致し，せん断応力 $\tau$ は 0 となる。このときの垂直応力 $\sigma$ を**主応力**[1]という。土中内のある点における主応力は，全方向から均等な応力が作用する水とは異なり二つ作用している。大きい方を**最大主応力**[2] $\sigma_1$，小さい方を**最小主応力**[3] $\sigma_3$ とよぶ。

[1] principal stress
[2] major principal stress
[3] minor principal stress

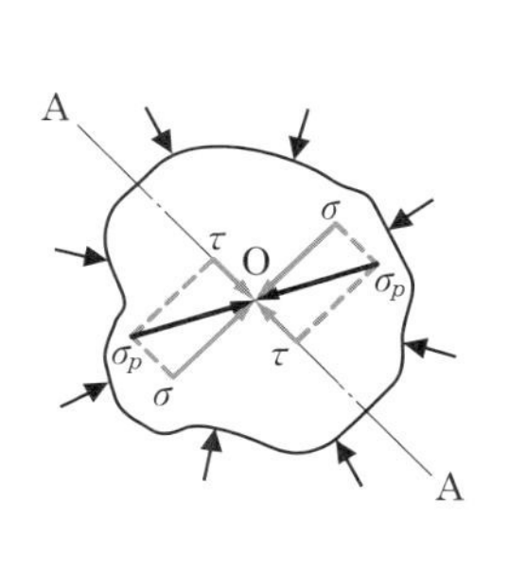

図 6-6　土中の一点の応力

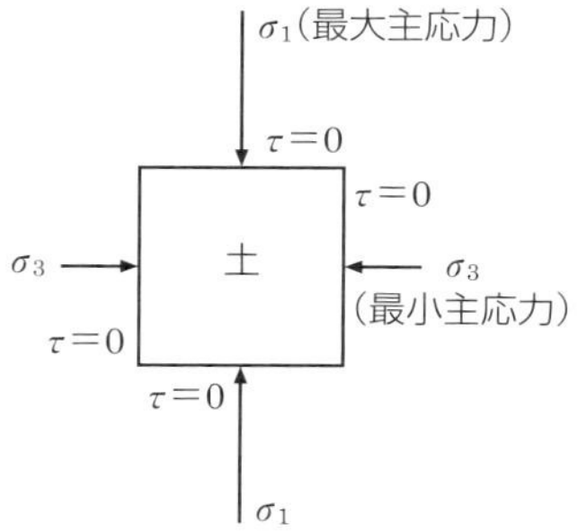

σ1（最大主応力）
τ=0
τ=0
σ3
土
σ3
（最小主応力）
τ=0
τ=0
σ1

図 6-7　土中の主応力

土中内のある点における応力の状態を考えるために，一般に図 6-8 のように応力の成分は表示されている[4]。

[4]「土質力学」の場合。

ここで，$\sigma_x$ を $\sigma_3$，$\sigma_y$ を$\sigma_1$ とすると，$\tau_{xy} = \tau_{yx} = 0$ となる。

この状態のときに図 6-9 に示すような最大主応力面と $\alpha$ をなす面 AB 上の垂直応力 $\sigma_\alpha$ とせん断応力 $\tau_\alpha$ について考える。最大主応力面と $\alpha$ のなす面 AB を含む三角形部分を取り出し，AB の長さを 1 とすると，図 6-10 のような状態となる。

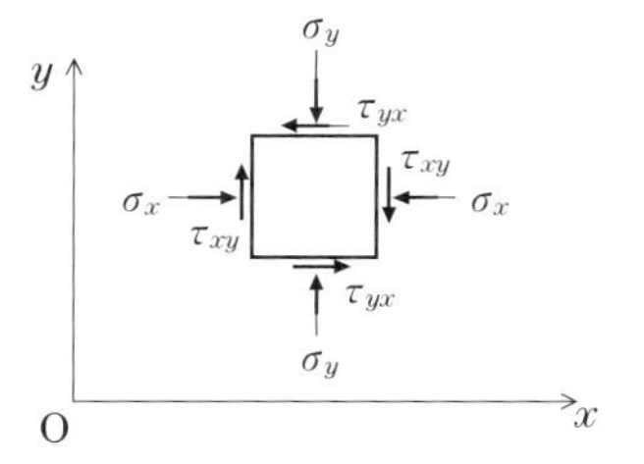

図 6-8　応力の成分

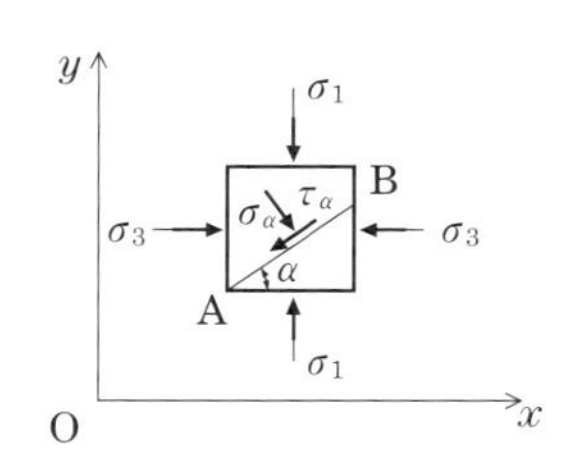

図 6-9　最大主応力と $\alpha$ をなす面 AB 上の応力状態

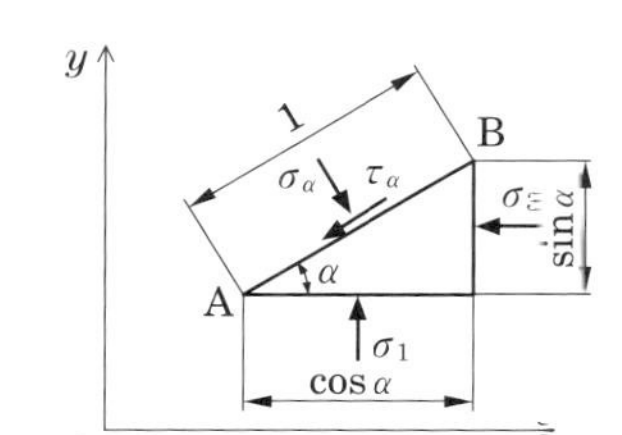

図 6-10　力の釣合いの関係

ここで，力の釣合いの関係から次式を得ることができる。

***x* 方向の力の釣合い**

$$\sigma_\alpha \sin\alpha - \tau_\alpha \cos\alpha - \sigma_3 \sin\alpha = 0 \qquad (6\text{-}4)$$

***y* 方向の力の釣合い**

$$-\sigma_\alpha \cos\alpha - \tau_\alpha \sin\alpha + \sigma_1 \cos\alpha = 0 \qquad (6\text{-}5)$$

式(6-4)に $\sin\alpha$，式(6-5)に $\cos\alpha$ をそれぞれ掛けて，両式の差

をとると，

$$\sigma_\alpha(\sin^2\alpha+\cos^2\alpha)-\sigma_3\sin^2\alpha-\sigma_1\cos^2\alpha=0$$

となり，この式を整理すると，

$$\sigma_\alpha=\sigma_1\cos^2\alpha+\sigma_3\sin^2\alpha$$

$$=\sigma_1\frac{1+\cos 2\alpha}{2}+\sigma_3\frac{1-\cos 2\alpha}{2}$$ 5

$$\boldsymbol{\sigma_\alpha=\frac{\sigma_1+\sigma_3}{2}+\frac{\sigma_1-\sigma_3}{2}\cos 2\alpha} \qquad (6\text{-}6)$$

となる。

また，式(6-4)に $\cos\alpha$，式(6-5)に $\sin\alpha$ を掛けて，両式の和をとると，$-\tau_\alpha(\cos^2\alpha+\sin^2\alpha)+(\sigma_1-\sigma_3)\sin\alpha\cos\alpha=0$

となり，この式を整理すると， 10

$$\boldsymbol{\tau_\alpha=(\sigma_1-\sigma_3)\sin\alpha\cos\alpha=\frac{\sigma_1-\sigma_3}{2}\sin 2\alpha} \qquad (6\text{-}7)$$

となる。

ここで，式(6-6)を変形し，

$$\sigma_\alpha-\frac{\sigma_1+\sigma_3}{2}=\frac{\sigma_1-\sigma_3}{2}\cos 2\alpha$$

としたものと，式(6-7)をそれぞれ二乗して両式の和を求めると， 15

$$\left(\sigma_\alpha-\frac{\sigma_1+\sigma_3}{2}\right)^2+\tau_\alpha{}^2=\left(\frac{\sigma_1-\sigma_3}{2}\right)^2(\cos^2 2\alpha+\sin^2 2\alpha)$$

よって，$$\boldsymbol{\left(\sigma_\alpha-\frac{\sigma_1+\sigma_3}{2}\right)^2+\tau_\alpha{}^2=\left(\frac{\sigma_1-\sigma_3}{2}\right)^2} \qquad (6\text{-}8)$$

となる。この $\sigma_\alpha$，$\tau_\alpha$ の値は，図 6-11 に示しているように，横軸に $\sigma$，縦軸に $\tau$ をとった座標上で，角度 $\alpha$ の変化に対して，半径 $\frac{\sigma_1-\sigma_3}{2}$，中心 $\left(\frac{\sigma_1+\sigma_3}{2},\ 0\right)$ の円を描く。これを**モールの応力円**[❶]と 20

❶Mohr's stress circle

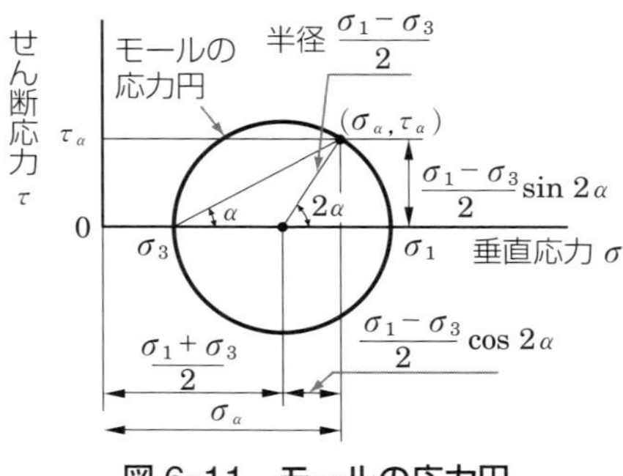


**図 6-11　モールの応力円**

いい，$\sigma_\alpha$，$\tau_\alpha$ は円周上の一点で表示されることになる。ここでモールの応力円の直径は $(\sigma_1 - \sigma_3)$ となり，これを**主応力差**[1]という。

[1] principal stress difference

土中に作用する二つの主応力がわかっている場合は，図 6-11 のようにモールの応力円を描くことができ，これらの任意の傾きをもつ面上の垂直応力，せん断応力を図解的に求めることができる。

図 6-12 のように，ある土の円柱形供試体に最大主応力 $\sigma_1 = 400\ \mathrm{kN/m^2}$，最小主応力 $\sigma_3 = 100\ \mathrm{kN/m^2}$ が作用している。最大主応力面から角度 $\alpha = 30^\circ$ の面上の垂直応力 $\sigma_\alpha$ およびせん断応力 $\tau_\alpha$ の値を求めよ。

$\sigma_1 = 400\ \mathrm{kN/m^2}$, $\sigma_3 = 100\ \mathrm{kN/m^2}$, $\sigma_\alpha$, $\tau_\alpha$, $\alpha = 30^\circ$, $\sigma_3$, $\sigma_1$

図 6-12

**解答**

**［モールの応力円を用いた場合］**

モールの応力円は，$\sigma_1 = 400\ \mathrm{kN/m^2}$，$\sigma_3 = 100\ \mathrm{kN/m^2}$ を $\sigma$ 軸上にとり，これらの点を通る円を描くと図 6-13 のようになる。この図において，$\alpha = 30^\circ$ の直線とモールの応力円との交点を読み取れば，$\sigma_\alpha = \mathbf{325\ kN/m^2}$，$\tau_\alpha = \mathbf{130\ kN/m^2}$ と求まる。

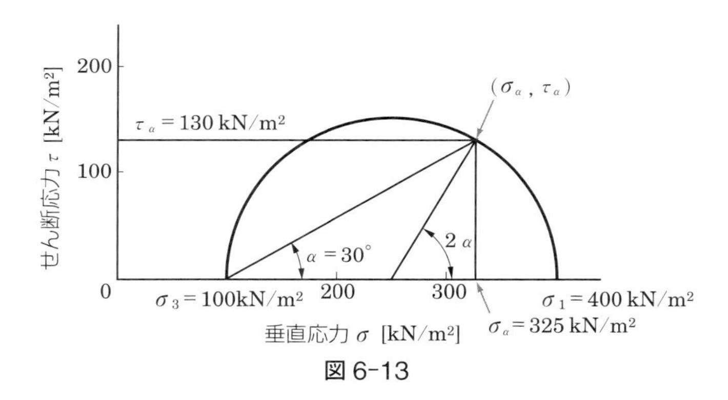


図 6-13

**［計算式を用いた場合］**

式(6-6)より，
$$\sigma_\alpha = \frac{\sigma_1 + \sigma_3}{2} + \frac{\sigma_1 - \sigma_3}{2}\cos 2\alpha$$
$$= \frac{400 + 100}{2} + \frac{400 - 100}{2}\cos(2 \times 30^\circ)$$
$$= \mathbf{325\ kN/m^2}$$

式(6-7)より，
$$\tau_\alpha = \frac{\sigma_1 - \sigma_3}{2}\sin 2\alpha$$
$$= \frac{400 - 100}{2}\sin(2 \times 30^\circ)$$
$$= \mathbf{130\ kN/m^2}$$

## 3 クーロンの式とモールの応力円の関係

土試料に，$\sigma_3$ を一定のまま，$\sigma_1$ を増加していけば，モールの応力円はそれにともなって大きくなっていき，ついには破壊にいたる。同じ土試料で作成したいくつかの供試体に対し，$\sigma_3$ を段階的に変え，それぞれ破壊したときの $\sigma_1$ を $\sigma_{1f}$ として破壊時のモールの応力円を描くと，図 6-14(a)のように，包絡線❶を描くことができる。この包絡線を**モールの破壊線**とよぶ。図(b)に示すように，モールの破壊線の $\sigma_3$ があまり大きくない場合は，破壊時のモールの応力円に共通な接線を引くとクーロンの破壊線と同様な直線となる。このような場合，この破壊線を**モール-クーロンの破壊線**(規準)とよび，クーロンの式をあてはめられる。そのため，モールの応力円から土の $c$，$\phi$ を求めることもできる❷。

❶円の接線を結んだ曲線のこと。

❷図 6-18(p. 103)参照。

図(b)において，モール-クーロンの破壊線である直線 AB に接しない①の状態のときは，破壊にいたらないが，$\sigma_3$ をそのままの状態で，$\sigma_1$ を増加していけばモールの応力円はそれにともなって大きくなり，直線 AB と接したときに破壊にいたる。このときの主応力を $\sigma_3$，$\sigma_{1f}$ とすると，破壊時の応力円②が決まり，その接点が破壊時の応力状態を示すことになる。また，直線 AB と交わる③のような応力円は，せん断強さを超えるせん断応力が土中に生じていることになり，このようなことは起こり得ない。

(a) モールの破壊線

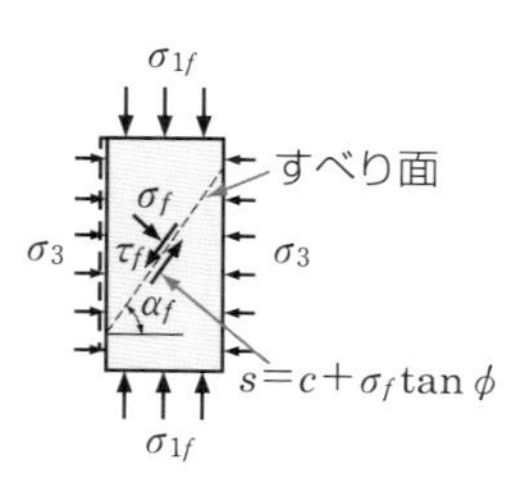


(b) モール-クーロンの破壊線

図 6-14　モールの破壊線とモール-クローンの破壊線

# 2 せん断試験

## 1 せん断試験の排水条件と種類

地盤の安定計算などに必要な強度定数，粘着力 $c$ と内部摩擦角 $\phi$ の値は，せん断試験によって求められる。

せん断試験には，室内せん断試験と，現地の地盤で測定する場合とがあるが，一般には，室内せん断試験で土の強度定数の測定が行われている。

室内せん断試験には，試験機とその試験方法にいくつかの種類がある。試験方法は，現地の地盤条件に最もよく対応したものを選ぶ必要がある。試験に用いる供試体は，現地の地盤から乱さないで採取された土試料を用いなければならない。

現在よく用いられる室内せん断試験には，**一面せん断試験**，**三軸圧縮試験**，**一軸圧縮試験**などがある。図 6-15 は，これらの試験におけるせん断のしかたを示している。

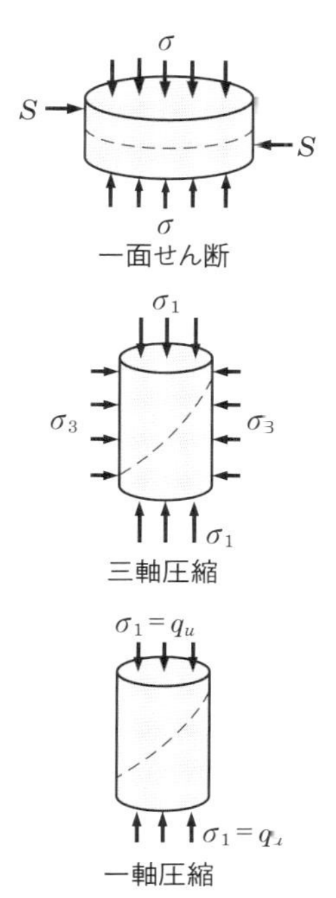


図 6-15　せん断のしかた

せん断試験の方法には，現地の排水条件に対応するように，表 6-1 に示す**非圧密非排水せん断試験**❶(UU 試験)，**圧密非排水せん断試験**❷(CU 試験❸)，**圧密排水せん断試験**❹(CD 試験)の 3 種類の試験が行われている。

❶Unconsolidated Undrained Test

❷Consolidated Undrained Test

❸CU 試験で過剰間げき水圧 $u$ を測定する場合は，$\overline{\text{CU}}$ 試験という。

❹Consolidated Drained Test

表 6-1　三軸圧縮試験における排水条件と試験の方法

| 排水条件 | | 非圧密非排水せん断試験(UU 試験) | 圧密非排水せん断試験(CU 試験) | 圧密排水せん断試験(CD 試験) |
|---|---|---|---|---|
| 試験の方法 | 最初の加圧時（$\sigma_3$，ゴム膜，排水バルブ，間げき水圧計） | 排水バルブ→閉 | 排水バルブ→開<br>間げき水の排出をゆるし，圧密を終了させる。 | 排水バルブ→開<br>間げき水の排出をゆるし，圧密を終了させる。 |
| | せん断時（$P$，$\sigma_3$，ゴム膜，排水バルブ，間げき水圧計） | 加圧時，せん断時のどちらの場合も間げき水の排出をゆるさないで行う。<br>排水バルブ→閉 | 圧密終了後，間げき水の排出をゆるさないでせん断する。<br>（過剰間げき水圧 $u$ の測定を行う）<br>排水バルブ→閉 | 圧密終了後，間げき水の排出をゆるし，過剰間げき水圧が発生しないように，遅い速度でせん断する。<br>排水バルブ→開 |

## 1　一面せん断試験

一面せん断試験❶には，図 6-16 のような試験機が用いられる。この試験は，用いる試料の量が少なくてすみ，土のせん断のようすやせん断強さの意味を理解するのに適している。また，三軸圧縮試験に比べ，試験機や試験方法が簡単である。

❶試験方法および $c$，$\phi$ の求め方については p. 94〜96 で学んだ。
　供試体は直径 6 cm，高さ 2 cm を標準とし，最大粒径 0.85 mm 以下の土を対象としている。

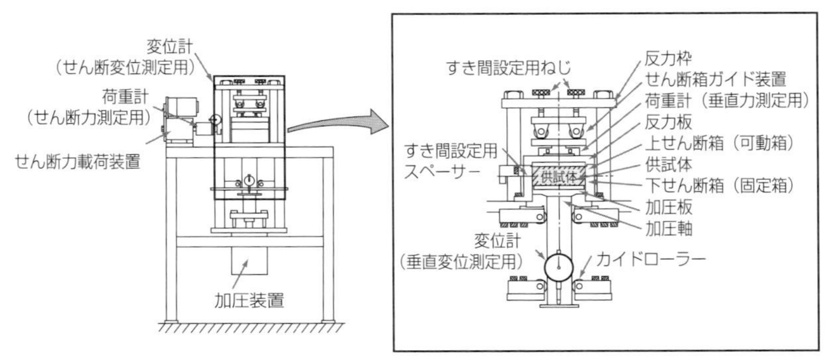


図 6-16　一面せん断試験機

## 2　三軸圧縮試験

この試験は，供試体が地中で受けていた応力状態に近い状態で，排水条件を正確に制御して行うことができる。試験機の構造のあらましを図 6-17(a)に示す。この試験機では，排水バルブを表 6-1 に示すような方法で操作することによって，表に示す排水条件のもとで試験を行うことができる。

三軸圧縮試験に用いる供試体は，円柱形で，直径の大きさは試料の最大粒径や粒度に応じて定められている❷。

供試体の圧力室内への設置は，図(a)に示すように，供試体を多孔板の上に置き，キャップを載せ，圧力室内の水が供試体に侵入す

❷直径は 3.5〜10 cm を標準とし，高さは直径の 2〜2.5 倍である。一般に，粘性土の場合，直径 3.5 cm または 5 cm，高さ 8 cm または 10 cm の供試体が用いられる。

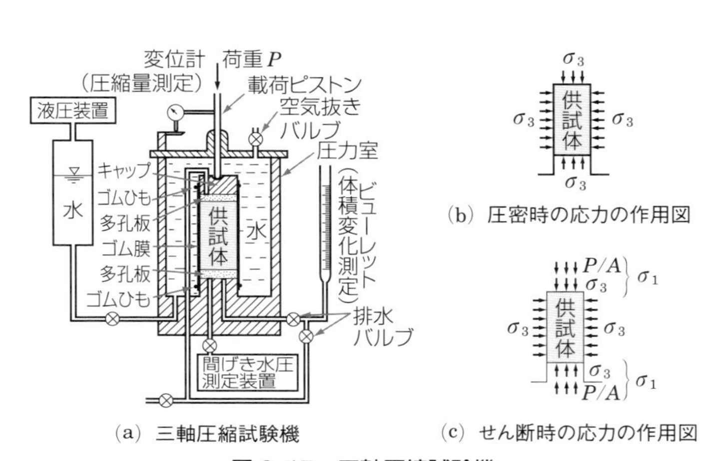


(a) 三軸圧縮試験機　(b) 圧密時の応力の作用図　(c) せん断時の応力の作用図

図 6-17　三軸圧縮試験機

るのを防ぐためゴム膜をかぶせ，上部と下部をゴムひもで止める。ふつう，供試体は水で飽和させて試験をするので，供試体内の間げき水は間げき水圧測定装置と体積変化測定用ビューレットに通じている。圧密を行う場合は，排水バルブを開放して，圧力室内に液圧装置で圧力を加え，図 6-17(b)に示すように，供試体にある大きさの応力 $\sigma_3$ を等方に働かせる。このとき，供試体の間げき水は，ビューレットに排水されるので，供試体の体積変化をビューレットの水位の変化で測定する。圧密が終われば，応力 $\sigma_3$ を働かせたまません断に移る。

供試体の圧密を行わない場合は，応力 $\sigma_3$ を等方に働かせたのち，ただちにせん断に移る。

せん断は，図(c)に示すように，供試体にある大きさの応力 $\sigma_3$ を等方に働かせたまま，載荷ピストンを通じて軸圧縮力を加え，供試体が破壊するまで圧縮する。軸圧縮力を $P$，供試体の断面積を $A$ とすると，この供試体に加わる最大主応力 $\sigma_1$ は，次式で表される。[1]

$$\sigma_1 = \sigma_3 + \frac{\boldsymbol{P}}{\boldsymbol{A}} \quad [\mathrm{kN/m^2}] \qquad (6\text{-}9)$$

また，主応力差は式(6-9)より，次式のように導かれる。

$$(\sigma_1 - \sigma_3) = \frac{\boldsymbol{P}}{\boldsymbol{A}} \quad [\mathrm{kN/m^2}] \qquad (6\text{-}10)$$

三軸圧縮試験は，同じ状態の供試体を三つ以上準備し，それぞれ異なった応力 $\sigma_3$ のもとで行う。この結果から得られる $\sigma_{1f}$ と $\sigma_3$ の値を図 6-18 のように，$\sigma$ 軸上にとり，それぞれの主応力差($\sigma_{1f} - \sigma_3$)を直径とするモールの応力円を描く。これらのモールの応力円に共通な接線(モール-クーロンの破壊線)を引くと，その縦軸の切片が粘着力 $c$，勾配が内部摩擦角 $\phi$ として求められる。

[1] 地盤工学会の基準では，圧力室内への圧力をセル圧 $\sigma_c$ とし，供試体の長軸方向に作用する軸方向応力を $\sigma_a$，供試体の半径方向に作用する側方向応力を $\sigma_r$ としている。この側方向応力は，セル圧に等しい。

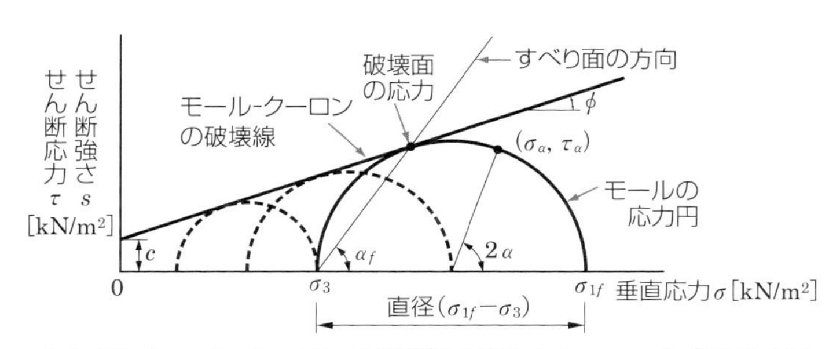


図 6-18 モール-クーロンの破壊線を利用して $c$，$\phi$ を求める方法

## 3 一軸圧縮試験

この試験は，図 6-19 に示す一軸圧縮試験機を用いて，円柱形供試体を鉛直方向に圧縮して土の圧縮強さを求めるもので，三軸圧縮試験の場合の $\sigma_3 = 0$ の条件，すなわち側圧が 0 であるものに等しい。この場合のせん断のしかたは，図 6-15 に示した。これは，ふつう，粘土のせん断強さを求めるのに用いられる。

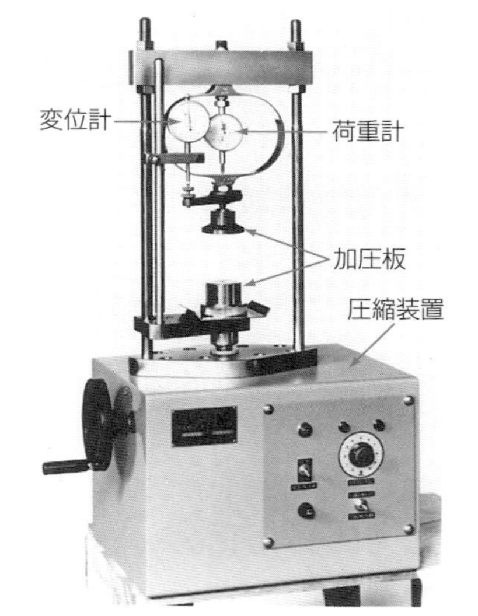


図 6-19　一軸圧縮試験機

一軸圧縮試験を行って，図 6-20 のような応力-ひずみ曲線を描き，図から求めた最大の圧縮応力を**一軸圧縮強さ**[1]といい，$q_u$ で表す。

飽和粘土の場合，土中の間げき水が排出できない速さで圧縮されるので，この試験は表 6-1 に示す非圧密非排水(UU)条件のもとでのせん断になる。この場合，みかけ上 $\phi_u = 0$ であるから，図 6-21 に示すように，$\sigma_3 = 0$，$\sigma_1 = q_u$ の条件から得られるモールの応力円よりせん断強さ $s$ は $c_u$ のみとなり，次式で表される。

$$s = c_u = \frac{q_u}{2} \quad [\mathrm{kN/m^2}] \qquad (6\text{-}11)$$

なお，UU 条件のもとで得られる飽和粘土のせん断強さ $c_u$ を**非排水せん断強さ**[2]ともいう。

[1] unconfined compressive strength；
　練り返した土試料では，応力-ひずみ曲線に最大値は現れず，ひずみとともに圧縮応力が増加する。この場合，ひずみが 15% のときの圧縮応力を一軸圧縮強さとし，$q_{ur}$ で示す。

[2] undrained shear strength

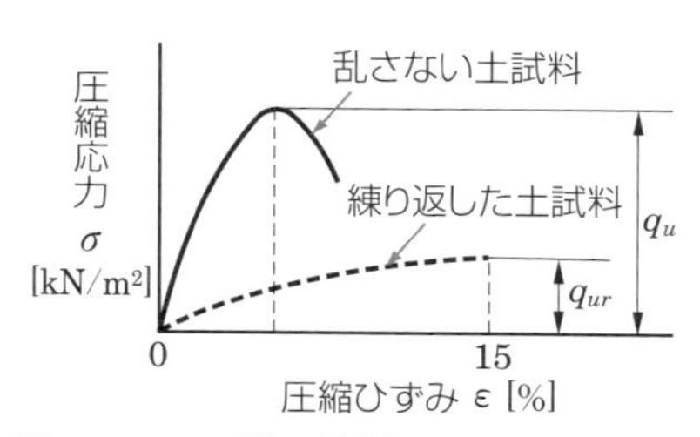


図 6-20　一軸圧縮試験による応力-ひずみ曲線と圧縮強さの取り方

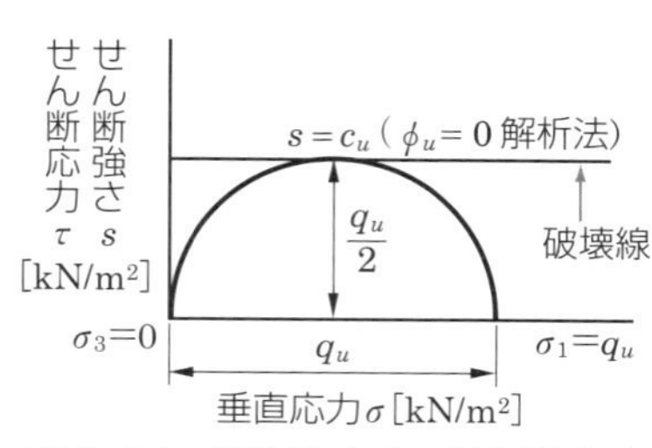


図 6-21　飽和粘土の一軸圧縮強さとモールの応力円

# 2 せん断試験の排水条件の選択

せん断試験には，図 6-15 に示したように一面せん断試験，三軸圧縮試験，一軸圧縮試験などがあり，それぞれの試験には特徴がある。このため，現地の地盤の状態や土の種類をみきわめ，設計や施工の目的に適応した排水条件とせん断試験を選択する必要がある。

とくに，飽和した粘土地盤などで，構造物の荷重が載荷されたときの安定を検討する場合，この現場の条件に対応してどのような排水条件のせん断試験を実施するかを選択しなければならない。これを示したのが図 6-22 である。

| | | | |
|---|---|---|---|
| | 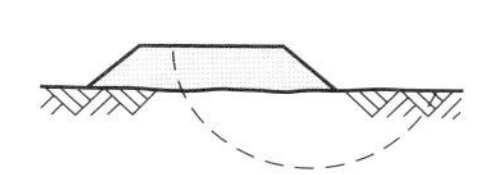 | 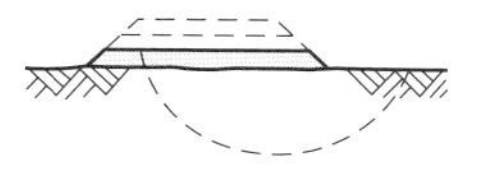 | |
| **安定計算の目的** | 構造物の急速な載荷直後の安定性の検討 | 圧密による強度増加のようすをみて載荷を進める場合の安定性の検討 | 構造物の建設後長時間経過後の安定性の検討 |
| **地盤の状況** | 圧密が進まず，荷重はすべて過剰間げき水圧で受けもたれる | 最初の載荷で圧密され，次の載荷によるせん断は非排水条件になる | 圧密が進み過剰間げき水圧の発生はなく，土粒子間には有効応力だけが作用 |
| **土の圧密やせん断時の排水のようす** | 土を圧密させず，まったく排水もゆるさない条件でせん断 | ある荷重で圧密させたあと，非排水のもとでせん断(せん断中，過剰間げき水圧を測定し，有効応力をつかんでおけばCD条件のようすもわかる) | 圧密させ，土粒子間に有効応力だけが作用する状態でせん断 |
| **対応する排水条件** | 非圧密非排水条件(UU せん断) | 圧密非排水条件(CU せん断) | 圧密排水条件(CD せん断) |
| **求められる強度定数の表し方** | $c_u$，$\phi_u$ ❶<br>(飽和粘土では $\phi_u = 0$) | $c_{cu}$，$\phi_{cu}$<br>($c'$，$\phi'$) | $c_d$，$\phi_d$<br>($c_d \fallingdotseq c'$，$\phi_d \fallingdotseq \phi'$) |

**図 6-22　安定計算の目的と対応する排水条件**

このうち，圧密排水せん断試験(CD 試験)は，せん断時に過剰間げき水圧を発生させないようにせん断していくので，せん断に長い時間を必要とする。この試験で求められる強度定数は $c_d$，$\phi_d$ で表される。一方，過剰間げき水圧 $u$ を測定しながらせん断する圧密非排水せん断試験($\overline{\text{CU}}$ 試験)では，せん断面の有効応力 $\sigma'$ $(= \sigma - u)$と，せん断強さ $s$ との関係から強度定数が決定され，このとき得られる値は，$c'$，$\phi'$ と表され，これらは $c_d$，$\phi_d$ の値に相当する。このように，$\overline{\text{CU}}$ 試験は，長い時間をかけないで $c_d$，$\phi_d$ に相当する値が得られることから，CD 試験の代用として用いられる。この場合，クーロンの式から，モール-クーロンの破壊線は，次のように表される。

$$\boldsymbol{s = c' + (\sigma - u)\tan\phi' = c' + \sigma'\tan\phi'} \quad [\mathbf{kN/m^2}] \quad (6\text{-}12)$$

❶非圧密非排水の状態における飽和粘土は拘束圧($\sigma_3$)を変化させても破壊時のモールの応力円の直径はほとんど変化しないため，みかけ上 $\phi_u = 0$ となる。

この方法によるせん断強度を用いて安定性の検討をする方法を $\phi_u = 0$ 解析法とよんでいる。

# 3 土の種類によるせん断強さの性質

砂質土と粘性土とでは，せん断に対する抵抗のしかたが異なって現れるので，土のせん断に対する性質については，砂と粘土に分けて考えている❶。

❶砂と粘土の中間の土の取り扱いについては，じゅうぶんにあきらかにされていない。

## 1 土の種類とモール-クーロンの破壊線

土のせん断強さを表すクーロンの式における強度定数 $c$，$\phi$ の値は，土の種類によって異なった値をとるのはもちろん，同じ土であっても固有の値ではなく，その土の含水量や密度などによって変わり，さらに外力の加わり方や圧密の進行状態などによっても異なる。

図 6-23 は，土の種類により三つに大別され，地盤に関する安定計算において基本的に考えられているモール-クーロンの破壊線を図示したものである。飽和した粘土の場合，荷重を加えたのちの短期間においては，加えた力は間げき水で受けもたれ，摩擦成分に関与しないため，力を受けるまえにもっていたせん断強さだけで抵抗し，みかけ上 $\phi_u = 0$ となり，図(a)に示すように，せん断強さは粘着力 $c$ に相当するせん断強さだけで表される❷。また，図(b)のように，かわいた砂の場合は，土粒子間に結合力が働かないため，内部摩擦角 $\phi$ だけがせん断強さに関係し，粘着力 $c$ は無視できる❸。一般的な土のせん断強さは，図(c)のように粘着力 $c$ と内部摩擦角 $\phi$ が関係している。

❷飽和粘土に垂直応力 $\sigma$ を作用させ，その $\sigma$ によって圧密を生じさせないように短期間でせん断すると，せん断強さは，$\sigma$ に関係なく，同じ大きさを示す。

❸湿った砂で粘着力が測定されることがあるが，これは毛管水のサクション(p. 55)によるもので，水で飽和したり，乾燥すればなくなるため，砂では粘着力が無視できるほど小さい。

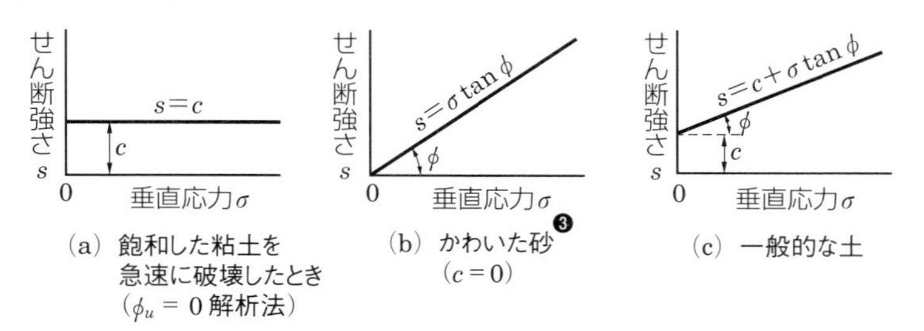


図 6-23　土の種類によるモール-クーロンの破壊線の図示

# 2 砂のせん断についての性質

砂では，内部摩擦がそのせん断強さを支配する。砂が水で飽和していても，載荷重による過剰間げき水圧はすぐに消散し，土粒子間には，ただちに，有効応力が働くことになる。したがって，砂のせん断強さ $s$ は実際の地盤において排水条件となる場合，次式で表される。

$$s = \sigma' \tan \phi_d \quad [\mathrm{kN/m^2}] \tag{6-13}$$

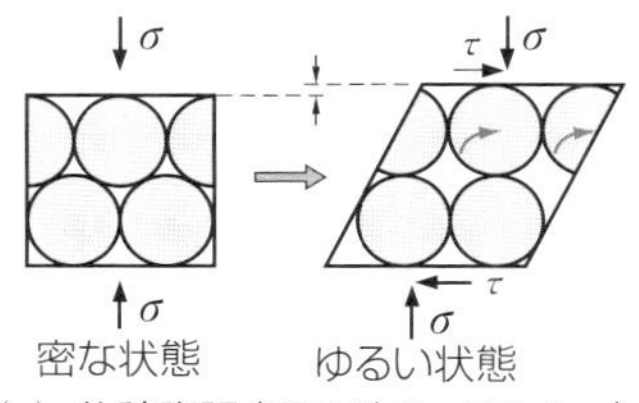


(a) 体積膨張(正のダイレイタンシー)

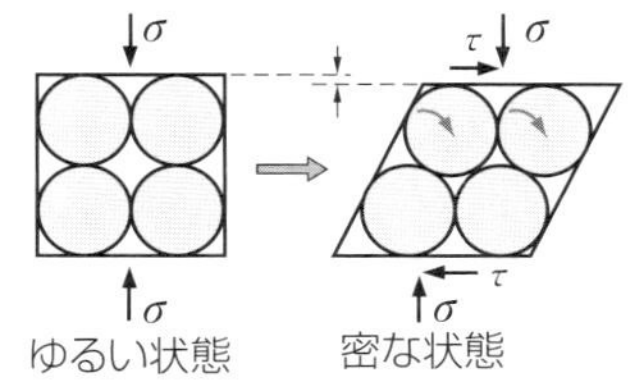


(b) 体積収縮(負のダイレイタンシー)

**図 6-24　せん断にともなう体積変化(ダイレイタンシー)**

砂のせん断強さは，土粒子間の摩擦や土粒子のかみ合わせによる抵抗，およびせん断中に生じる体積変化などの影響を受ける。このため，内部摩擦角 $\phi$ の値は，粒度や砂粒子の形，せん断前の砂の締まりぐあいを示す間げき比などに支配される。砂をせん断するときに生じる体積変化は，せん断面のまわりの土粒子が移動することで起こり，砂の締まりぐあいが密な状態と，ゆるい状態とによって違った傾向を示す。

図 6-24(a)に示すように，密な状態の砂をせん断すれば，土粒子がほかの土粒子を乗り超えようとし，体積は膨張する。図(b)のように，ゆるい状態の砂では，土粒子は間げきに落ち込み，体積は収縮する。このような，せん断にともなって生じる体積変化を**ダイレイタンシー**[1]という。

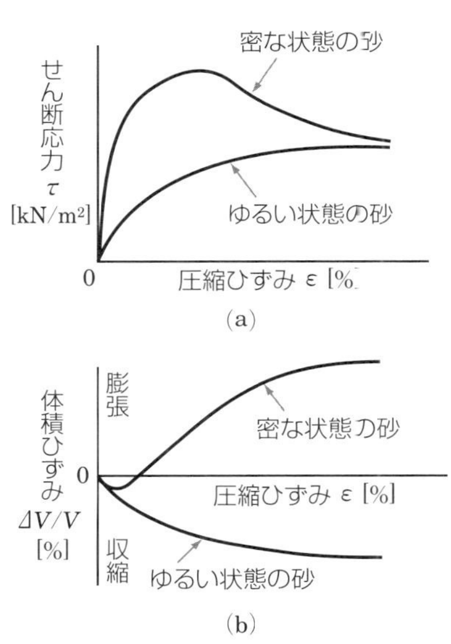


**図 6-25　せん断にともなうせん断応力の変化と体積変化の対比**

[1] dilatancy

密な状態の砂とゆるい状態の砂について，そのせん断にともなって生じるせん断応力の変化のようすと，体積変化のようすとを対比して示すと，図 6-25 のようになる。

なお，地盤中の砂は乱さないで採取して試験することがむずかしいことから，実用的な砂地盤の $\phi$ は，現地で標準貫入試験を行って，その結果から得られる$N$値を用いた経験式によって推定されることが多い。[1]

[1] 道路橋示方書では，$\phi = 15 + \sqrt{15N} \leqq 45°$ ただし，$N > 5$としている。

## 砂の液状化

地震などによって繰り返し振動を受けた場合，飽和したゆるい状態の砂地盤の土粒子間のかみ合わせがはずれ，砂の粒子間に応力の伝達ができなくなる。このようなとき，砂の粒子が間げき水の中に浮いた状態になって，その地盤が液体状になる。この現象を**液状化**(liquefaction)といい，地震のさいに地上にある構造物が傾いたり，地中にある構造物が浮き上がったりする被害が，全国各地の埋立地などでみられる(図 6-26)。

(a) 建物や電信柱の沈下

(b) マンホールの浮き上がり

図 6-26 液状化による被害の例

### 液状化を再現してみよう

**1 ● 用具・試料の用意**

ビーカー(500 mL)，水(100 mL)，標準砂(400 g)，ピンポン玉(1 個)，ボルトやネジなどの金属類，ピンポン玉をおさえる棒(わりばしなど)，テープを用意する。

**2 ● 準備手順**

(1)ビーカーへ水を 100 mL 入れる。

(2)水の入ったビーカーへピンポン玉を入れ，ピンポン玉を棒でおさえて沈めておきながら，標準砂 400 g をゆっくりと静かにビーカーに入れる。

(3)砂の表面の位置がわかるように，ビーカーの外側にテープを張る。

(4)砂の表面にボルトやネジなどの金属類を静かに置く。

**3 ● 液状化を起こして観察する**

ビーカーを水平方向に揺らし，液状化を起こす。砂の表面に水が出てきて，金属類は沈み，ピンポン玉が浮き上がってくるのが観察できる。また，液状化後に砂の表面の位置が下がっていることも確認できる。

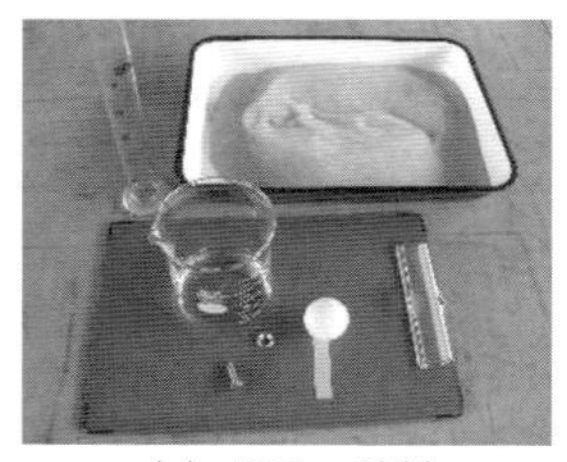

(a) 用具・試料

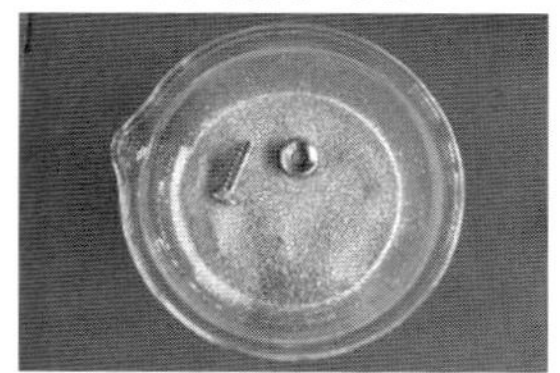

(b) 液状化前

(c) 液状化後

図 6-27 液状化の再現

# 3 粘土のせん断についての性質

## 1 排水条件と粘土のせん断強さ

地盤中で，ある大きさの先行圧密圧力 $p_0$ を受けていた粘土について，三つの排水条件を用いて，いろいろな大きさの垂直圧力 $p_v$ のもとでせん断すると，同じ土でも，排水条件によって，図 6-28 のようなせん断強さの違いを示す。

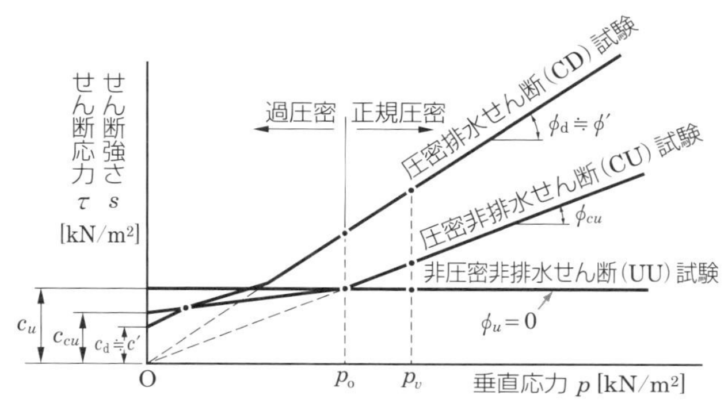


図 6-28　圧力変化と排水条件の相違によるせん断強さの変化

粘土のせん断強さといっても，圧密および排水条件によって発揮されるせん断強さが大きく異なることから，現地において安定を検討しようとする条件に対応して排水条件を選び，その試験結果を用いて，安定計算することがたいせつである。

## 2 粘土の鋭敏比

自然状態にある粘土の構造が乱されると，せん断強さは低下するが❶，この乱れによる強さの低下の度合いは，粘土の鋭敏性とよばれるものである。乱さない粘土の非排水せん断強さ $c_u$ と，練り返した粘土の非排水せん断強さ $c_{ur}$ との比を**鋭敏比**❷といい，$S_t$ で表す。このSₜは，図 6-20 に示した一軸圧縮試験の結果から，次式で計算される。

$$S_t = \frac{c_u}{c_{ur}} = \frac{q_u}{q_{ur}} \qquad (6\text{-}14)$$

鋭敏比 $S_t$ は，粘土の組成と構造，圧密過程によって変わる。

$S_t$ は，杭（くい）打ちや工事中の地盤の乱れによって土の強さがどの程度低下するかの目安となるものであり，軟弱な粘土に対しては，その値は設計や施工上重要である。

❶練り返すことによって低下した粘土の強さは，時間の経過とともに回復することが認められている。この性質をシキソトロピー（thixotropy）という。

❷sensitivity ratio

## 第6章　章末問題

**1.**　粘着力 $c = 10\ \mathrm{kN/m^2}$，内部摩擦角 $\phi = 30°$ と測定された斜面の土がある。この斜面内のある面上には，垂直応力 $\sigma = 72\ \mathrm{kN/m^2}$ とせん断応力 $\tau = 48\ \mathrm{kN/m^2}$ が作用している。この面におけるせん断強さ $s$ はいくらか。また，その面付近で土はすべり破壊するか。

**2.**　$c' = 15\ \mathrm{kN/m^2}$，$\phi' = 20°$ と測定された地盤がある。盛土築造によって，図 6-29 のようなすべり破壊が予想される面において，せん断応力 $\tau = 48\ \mathrm{kN/m^2}$ および垂直応力 $\sigma = 132\ \mathrm{kN/m^2}$ が作用している。いま，盛土築造直後には地盤の土に $u = 80\ \mathrm{kN/m^2}$ の過剰間げき水圧の発生が予想される。この場合，すべり破壊するか。また，時間が経過し過剰間げき水圧がなくなった場合はどうか。ただし，せん断応力 $\tau$ は，過剰間げき水圧 $u$ の発生があっても，まったく影響されない値である。

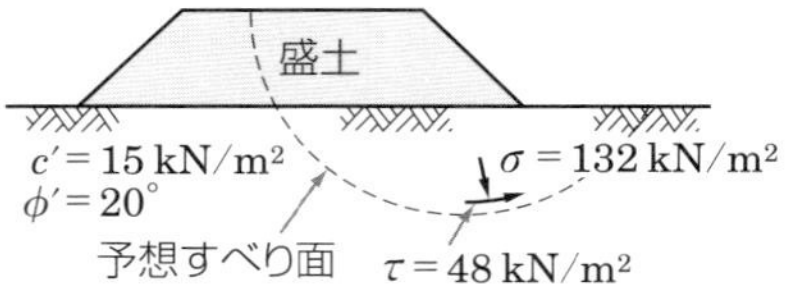

図 6-29

**3.**　ある砂質土について一面せん断試験を行ったところ，次表のような値を得た。粘着力 $c$ と内部摩擦角 $\phi$ を求めよ。ただし，供試体の直径は 6 cm とする。

| 垂直力 [N] | 100 | 200 | 300 | 400 |
|---|---|---|---|---|
| せん断力 [N] | 209 | 250 | 286 | 325 |

**4.**　ある土試料について圧密排水(CD)条件で三軸圧縮試験を行ったところ，破壊時に次表のような結果を得た。この土試料の粘着力 $c_d$ および内部摩擦角 $\phi_d$ を求めよ。

| 側圧 $\sigma_3$ [kN/m²] | 100 | 200 | 300 |
|---|---|---|---|
| 主応力差$(\sigma_{1f} - \sigma_3) = P/A$ [kN/m²] | 190 | 240 | 290 |

**5.**　ある土の円柱形供試体に $\sigma_3 = 120\ \mathrm{kN/m^2}$ の側圧を加えて圧縮すると，$\sigma_1 = 380\ \mathrm{kN/m^2}$ で供試体は破壊した。この土の粘着力を $c = 0$ として，モールの応力円とモール-クーロンの破壊線を描き，この土のもつ内部摩擦角 $\phi$ を求めよ。

**6.**　ある乱さない飽和粘土の一軸圧縮試験を行ったところ，一軸圧縮強さは $58\ \mathrm{kN/m^2}$ であった。この粘土のせん断強さ $s$ を求めよ。また，この粘土を練り返して一軸圧縮強さを求めたところ $18\ \mathrm{kN/m^2}$ となった。この粘土の鋭敏比 $S_t$ を求めよ。

# 土圧

土圧を受ける構造物(擁壁)

造成地や掘削現場などでは，土留めのために擁壁や矢板などがよく用いられる。このような土留め壁は，壁体背後の土から土圧を受けている。土圧を受ける構造物を設計するためには，作用する土圧の大きさやその方向および作用点の位置を知る必要がある。また，土留め壁以外の土圧を受ける構造物に，トンネル・下水管・ガス管などの地中埋設管があり，これらを設計する場合にも，作用する土圧の大きさを求めなければならない。

●土留め壁に作用する土圧にはどのような種類があるのだろうか。

●土圧の大きさは，どのように求められているのだろうか。

●土圧は土留め壁に対してどのように作用するのだろうか。

# 1 土圧

## 1 土圧の種類

擁壁や矢板などで背面の土が崩れないように支える場合，背面の土はそれらの壁体に圧力を及ぼす。この圧力を**土圧**[1]という。壁体に作用する土圧を図 7-1(a)に示すように，地中に根入れのある剛な壁体の場合で考えてみる。

❶earth pressure

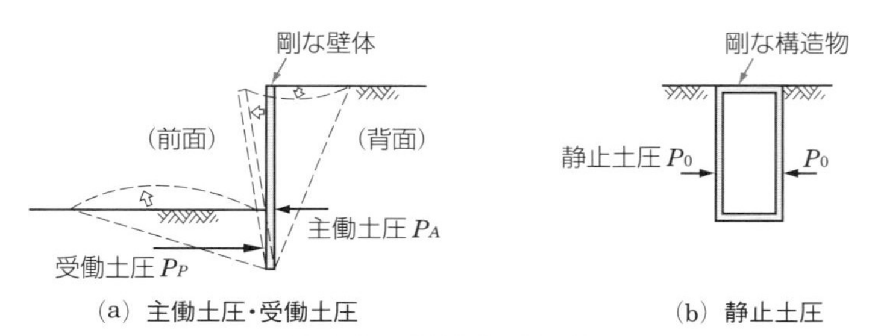


(a) 主働土圧・受働土圧　(b) 静止土圧

**図 7-1　壁体に働く土圧**

壁体は背面の土から圧力を受け，前方へ倒れようとするが，前面の土の抵抗により圧力を受け，倒れずに安定が保たれている。図(a)のように，壁体が背面の土圧により前方にごくわずか傾くと，背面の土もそれにともなって崩れるため，壁体の背面に作用していた土圧は，壁体のほんの少しの移動で減少し，ある一定の大きさに落ちつく。この一定に落ちついた土圧を**主働土圧**[2] $P_A$ という。

❷active earth pressure

この場合，同時に壁体前面の土は，押し上げられようとするのに抵抗し，安定を保とうとする。そのとき，前面の土から壁体に働く土圧は，壁体の移動の増大にともなって増加し，ある一定の大きさに落ちつく。この一定に落ちついた土圧を**受働土圧**[3] $P_P$ という。

❸passive earth pressure

また，これらに対して図(b)のように，壁体の移動がないときに，土が壁体に及ぼす圧力を**静止土圧**[4] $P_0$ という。

❹earth pressure at rest

これらの土圧の大きさと壁体の変位の関係を比較するため，密な砂とゆるい砂について行った実験の結果が，図 7-2 である。この実験は，壁体を強制的に移動させることによって，背面の土に主働土圧と受働土圧を発生させている。縦軸は測定された**土圧係数**[5]を，横軸は変位を表している。この図から主働土圧は，壁体のわずかな変

❺p. 113 参照。ただし，土圧の大きさは土圧係数に比例する。

位で与えられ，また受働土圧は，主働土圧の場合に比べて，かなり大きな変位に達してから極限値として与えられる。

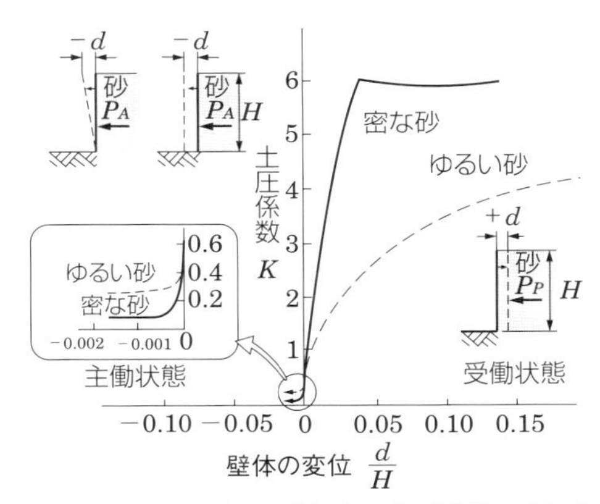


図 7-2　実験結果に基づく砂が壁体に及ぼす土圧と壁体の変位との関係

## 2 土圧係数

図 7-3 に示すように，壁体で土を支えるとき，地表面から深さ $z$ の点 O には，その点までの土被りによる鉛直圧力[1] $p_z = \gamma_t z$ が働いており，このとき点 O に作用する水平圧力を $p_h$ とすると，$p_h$ は $p_z$ とは一致しない。これがもし，壁体で水を支える場合であれば，水はせん断強さをもたないため，壁を取り去れば流れ出してしまい，作用する力の大きさはどの方向にも同じである。これに対し，土はせん断強さをもっているため，現在の形を保とうとして流れ出すことはなく，$p_h$ は $p_z$ より小さい。また，土のせん断強さが大きいほど $p_h$ は小さくなる。いま，このときの $p_h$ と $p_z$ との比を $K$ で表すと，次のようになる。

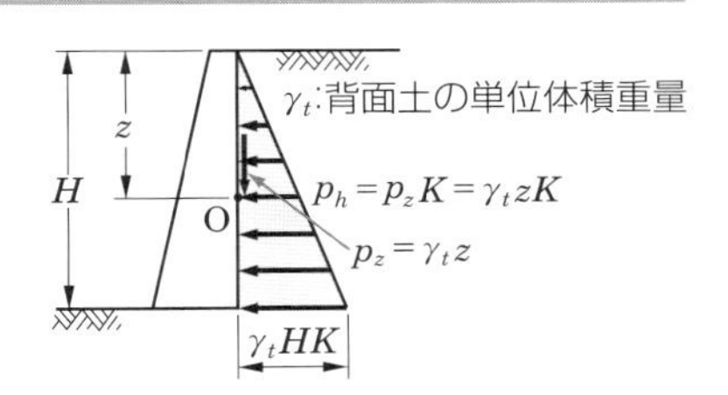


図 7-3　土圧係数の考え方

$$K = \frac{p_h}{p_z} \qquad (7\text{-}1)$$

この $K$ を**土圧係数**[2]といい，土のせん断強さによって支配される値である。

[1] 第 4 章(p. 62)で学んだ土被り圧の $\sigma_z$ に等しい。

[2] coefficient of earth pressure

壁体が移動しない場合，$p_h$ は点Oにおける単位面積あたりの静止土圧 $p_0$ となり，次式で表すことができる。

$$\boldsymbol{p_0 = K_0 p_z = K_0 \gamma_t z} \quad [\mathrm{kN/m^2}] \qquad (7\text{-}2)$$

この $K_0$ を，**静止土圧係数**[1]という。

[1] coefficient of earth pressure at rest

式(7-2)から，$p_0$ は，図7-3のように深さ方向に三角形分布することがわかる。したがって，高さ $H$ の壁体の奥行単位長さ(1 m)あたりに加わる静止土圧 $P_0$ は，この三角形の面積を求めることによって得られ，次式で表される。

$$\boldsymbol{P_0 = \frac{1}{2} \gamma_t H^2 K_0} \quad [\mathrm{kN/m}] \qquad (7\text{-}3)$$

主働土圧が働く主働状態や受働土圧が働く受働状態においても，鉛直圧力と水平圧力の比が考えられ，主働状態の場合の比を**主働土圧係数**[2] $K_A$，受働状態の場合の比を**受働土圧係数**[3] $K_P$ とよぶ。いま，式(7-2)や式(7-3)の $K_0$ を主働土圧係数 $K_A$ や受働土圧係数 $K_P$ に置き換えることで，それぞれの状態における水平圧力や，壁面全体に加わる土圧を表すことができる。なお，土圧係数の値は，壁体の形や背後の地表面の傾きなどによっても変わるが，おもに背面の土のせん断強さの大きさを表す内部摩擦角に大きく支配される。

[2] coefficient of active earth pressure
[3] coefficient of passive earth pressure

このように，土圧の大きさは，どちらも式(7-3)の形で表され，それぞれの状態における土圧係数の値から求めることができる。

5
10
15

# 2 クーロンの土圧

電気分野の研究でも有名なクーロンは，1773 年に土圧の求め方を提案した。クーロンは図 7-4(a)に示すように，壁体が土から離れる方向に移動した場合，その背後の土には BC のようなすべり面が発生し，その面より上の土は△ABC のようなくさび状の土塊としてすべり落ちると仮定し，くさび状の土塊に働く力の釣合いから主働土圧を求めた。また，受働土圧についても，図 7-8(a)に示すように，壁体が土を押し上げる場合について，力の釣合いを考えて受働土圧を求めた。

この考え方が提案された当初は，壁体の背面が鉛直で，また壁体背後の地表面も水平で，粘着力のない砂のような土についてしか適用できなかった。しかし，その後，背面の土に上載荷重が作用する場合や，壁体の背面と土の間に摩擦力が働く場合など，いろいろな条件にも適用できるように式が改良され，土を支えるいろいろな壁体に作用する土圧の計算によく用いられている。

## 1 主働土圧

壁体背後の地表面が水平で，土には粘着力がなく，壁体の背面と土との間に摩擦力が働かない場合，図 7-4(a)に示すような壁体の背面が鉛直な擁壁に及ぼす主働土圧を，クーロンの考え方で求めてみる。

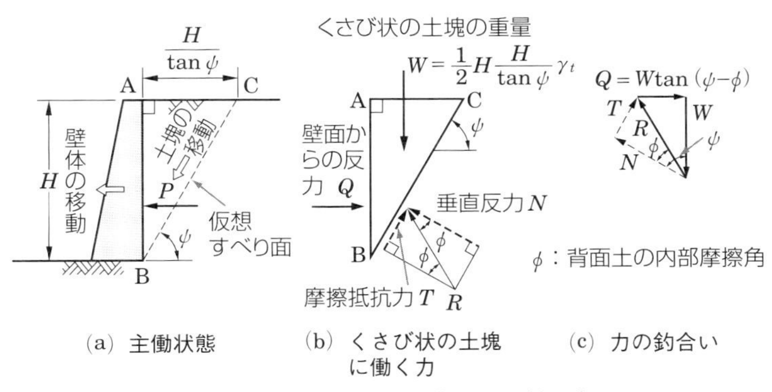


(a) 主働状態　(b) くさび状の土塊に働く力　(c) 力の釣合い

**図 7-4　クーロンの主働土圧の考え方**

背面の土がくさび状の土塊として，水平面からある角度$\psi$をもつすべり面 BC ですべると仮定した場合，図 7-4(b)に示すように，この土塊には，重量 $W$ とすべり面からの抗力 $R$，壁面からの反力 $Q$ が働く。$R$ は，すべり面に垂直な方向に対して内部摩擦角$\phi$の分だけ傾いて作用し，$Q$ は，壁面摩擦を考えていないので，壁面に垂直に作用する。これらの力の釣合いを考えると，図(c)のようになる。このとき，作用・反作用の関係から，壁面からの反力 $Q$ は，土塊が壁体に及ぼす土圧 $P$ に等しい。この土圧 $P$ は，背面の土の単位体積重量を $\gamma_t$ とすると，奥行単位長さ(1 m)あたりについて，図から，次式で与えられる。

$$\boldsymbol{P}=\boldsymbol{W}\tan(\psi-\phi)=\frac{1}{2}\gamma_t \boldsymbol{H}^2\frac{\tan(\psi-\phi)}{\tan\psi} \quad [\mathrm{kN/m}] \quad (7\text{-}4)$$

この式において，$\psi$は仮想すべり面の角度であり，土圧 $P$ は$\psi$の値によって変化する。この $P$ が最大となる角度 $\psi_A$ のときに，土塊は最もすべりやすい状態となる。この角度 $\psi_A$ のときの土圧が主働土圧である。

いま，図 7-5(a)に示す背面土に，内部摩擦角 $\phi = 30°$ の砂を考えた場合，角度$\psi$の大きさにより，土圧 $P$ がどのように変化するかを計算した結果が図(b)である。ここで，土圧 $P$ が最大値を示す角度 $\psi_A$ において，地盤がすべりだし，このときの土圧 $P$ の値が主働土圧 $P_A$ であり，角度 $\psi_A$ の値は，$\psi_A = 45° + \frac{\phi}{2}$であることがわかる。❶この関係を式(7-4)に代入すると，主働土圧 $P_A$ は次式で与えられる。

$$\boldsymbol{P}_A = \frac{1}{2}\gamma_t \boldsymbol{H}^2\tan^2\left(45° - \frac{\phi}{2}\right) \quad [\mathrm{kN/m}] \quad (7\text{-}5)$$

❶ここでは，$\psi$にいろいろな角度をあてはめて，土圧 $P$ の計算を試みた。式(7-4)の $P$ は$\psi$の関数であり，$dP/d\psi = 0$ のとき $P$ が最大となる。この条件から，主働土圧を与えるときの角度 $\psi_A$ が $\psi_A = 45° + \phi/2$ と求められる。

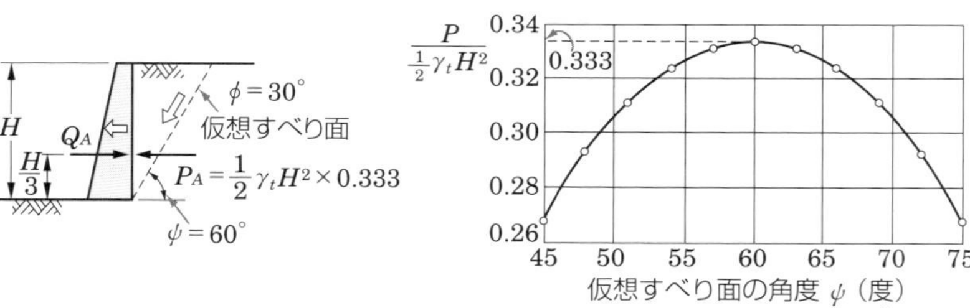


(a) 主働土圧の作用　(b) $\phi=30°$ のときの$\psi$と $\frac{P}{\frac{1}{2}\gamma_t H^2}=\frac{\tan(\psi-\phi)}{\tan\psi}$ の関係

図 7-5　クーロンの主働土圧の大きさの求め方

この主働土圧 $P_A$ は，壁体背面に垂直に作用し，その作用点の位置は壁体背面の下端から壁体の高さの 1/3 のところにある。

壁体背面が鉛直ではなく，土と壁体背面の間に摩擦力が働き，背面土の地表面が傾斜している図 7-6 のような一般的な条件の場合の主働土圧は，次式で与えられる。

$$\boldsymbol{P_A} = \frac{1}{2}\gamma_t \boldsymbol{H}^2 \boldsymbol{K_A} \quad [\mathrm{kN/m}] \tag{7-6}$$

$K_A$：クーロンの主働土圧係数

$$\boldsymbol{K_A} = \frac{\sin^2(\theta-\phi)}{\sin^2\theta\sin(\theta+\delta)}\left(1+\sqrt{\frac{\sin(\phi+\delta)\sin(\phi-\beta)}{\sin(\theta+\delta)\sin(\theta-\beta)}}\right)^{-2} \tag{7-7}$$

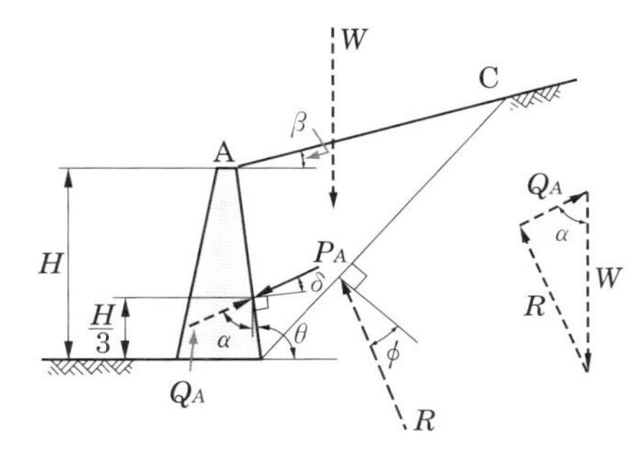


$\theta$：壁体背面の傾斜角
$\beta$：地表面の傾斜角
$\phi$：背面土の内部摩擦角
$\delta$：壁面摩擦角
$\gamma_t$：背面土の単位体積重量 $[\mathrm{kN/m^3}]$
$H$：壁体の高さ [m]

図 7-6　クーロンの主働土圧およびその方向と作用点の位置

図 7-7 に示す壁体に作用するクーロンの主働土圧 $P_A$ を求めよ。

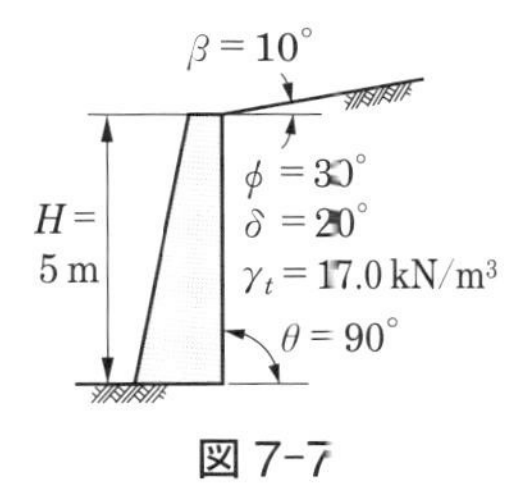


図 7-7

クーロンの主働土圧は，式(7-6)によって求められる。ここで，クーロンの主働土圧係数 $K_A$ は，式(7-7)から，

$$K_A = \frac{\sin^2(\theta-\phi)}{\sin^2\theta\sin(\theta+\delta)}\left(1+\sqrt{\frac{\sin(\phi+\delta)\sin(\phi-\beta)}{\sin(\theta+\delta)\sin(\theta-\beta)}}\right)^{-2}$$

$$= \frac{\sin^2(90°-30°)}{\sin^2 90°\ \sin(90°+20°)}\left(1+\sqrt{\frac{\sin(30°+20°)\sin(30°-10°)}{\sin(90°+20°)\sin(90°-10°)}}\right)^{-2}$$

$$= 0.340$$

ゆえに，$P_A = \frac{1}{2}\gamma_t H^2 K_A = \frac{1}{2} \times 17.0 \times 5^2 \times 0.340 = \mathbf{72.3\ kN/m}$

## 2　受働土圧

図 7-4 と同じ条件の図 7-8(a)について，壁体が背面の土塊を押すことで壁体に及ぼす受働土圧を，クーロンの考え方で求めてみると，背面のくさび状の土塊には，図(b)に示すような壁面から土を

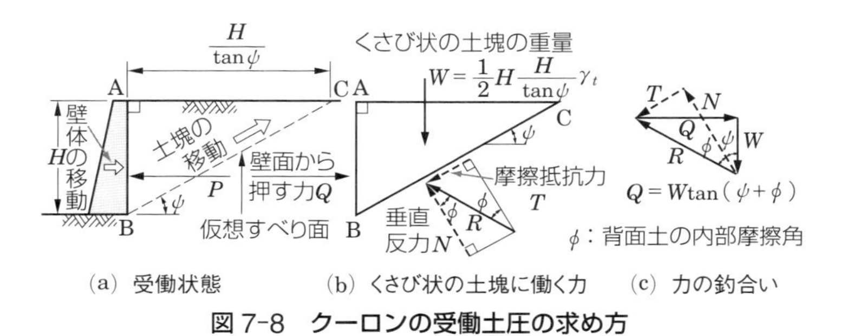

(a) 受働状態　(b) くさび状の土塊に働く力　(c) 力の釣合い

**図 7-8　クーロンの受働土圧の求め方**

押す力 $Q$，くさび状の土塊の重量 $W$，すべり面からの抗力 $R$ が働く。これらの力の釣合いは図 7-8(c)のようになり，$Q$ の反力である奥行単位長さ(1 m)あたりの土圧 $P$ は，次式で与えられる。

$$\boldsymbol{P}=\boldsymbol{W}\tan(\psi+\phi)=\frac{1}{2}\gamma_t\boldsymbol{H}^2\frac{\tan(\psi+\phi)}{\tan\psi}\quad[\text{kN/m}]\ (7\text{-}8)$$

$\psi$ は仮想すべり面の角度であり，背面土が押し上げられて破壊するとすれば，式(7-8)の $\psi$ の変化に対して最も小さな土圧 $P$ が与えられる。図 7-9(a)に示す背面土に，内部摩擦角 $\phi=30°$ の砂を考えた場合，$\psi$ の値に対して $P$ がどのように変化するかを計算した結果が図(b)である。ここで，土圧 $P$ が最小値を示す角度 $\psi_P$ において，地盤がすべり出し，このときの土圧 $P$ の値が受働土圧 $P_P$ である。角度 $\psi_P$ の値は，$\psi_P=45°-\frac{\phi}{2}$ で与えられる[❶]。この関係を(7-8)に代入すると，受働土圧は，次式で与えられる。

$$\boldsymbol{P}_P=\frac{1}{2}\gamma_t\boldsymbol{H}^2\tan^2\left(45°+\frac{\phi}{2}\right)\quad[\text{kN/m}]\qquad(7\text{-}9)$$

この受働土圧 $P_P$ は，壁体背面に垂直に作用し，その作用点の位置は壁体背面の下端から壁体の高さの 1/3 のところにある。

❶式(7-8)の $P$ は $\psi$ の関数であり，この場合 $dP/d\psi=0$ のとき $P$ が最小となるので，この条件から受働土圧を与えるときの角度 $\psi_P$ が $\psi_P=45°-\phi/2$ と求められる。

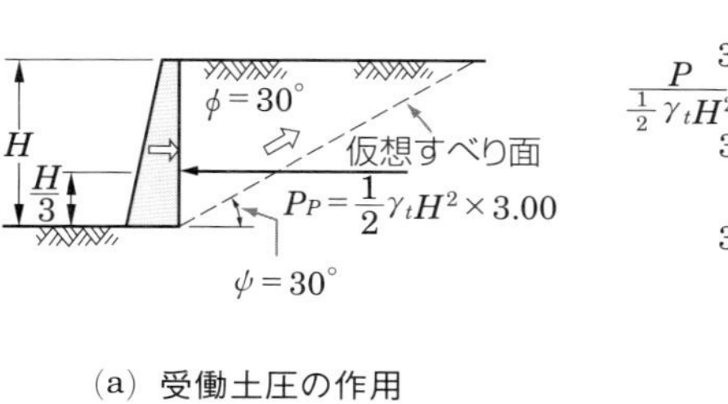

(a) 受働土圧の作用

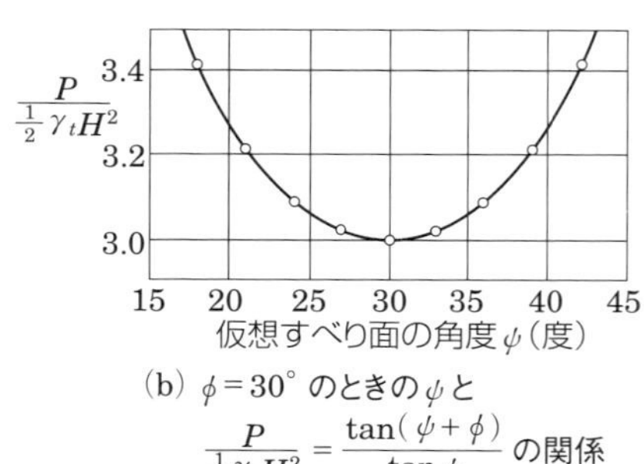

(b) $\phi=30°$ のときの $\psi$ と $\frac{P}{\frac{1}{2}\gamma_tH^2}=\frac{\tan(\psi+\phi)}{\tan\psi}$ の関係

**図 7-9　クーロンの受働土圧の大きさの求め方**

壁体背面が鉛直ではなく，土と壁体背面の間に摩擦力が働き，背後の地表面が傾斜している図 7-10 のような一般的な条件の場合の受働土圧は，次式で与えられる。

$$\boldsymbol{P}_P = \frac{1}{2}\gamma_t \boldsymbol{H}^2 \boldsymbol{K}_P \quad [\mathrm{kN/m}] \tag{7-10}$$

$K_P$：クーロンの受働土圧係数

$$\boldsymbol{K}_P = \frac{\sin^2(\theta+\phi)}{\sin^2\theta\sin(\theta-\delta)}\left(1-\sqrt{\frac{\sin(\phi+\delta)\sin(\phi+\beta)}{\sin(\theta-\delta)\sin(\theta-\beta)}}\right)^{-2} \tag{7-11}$$

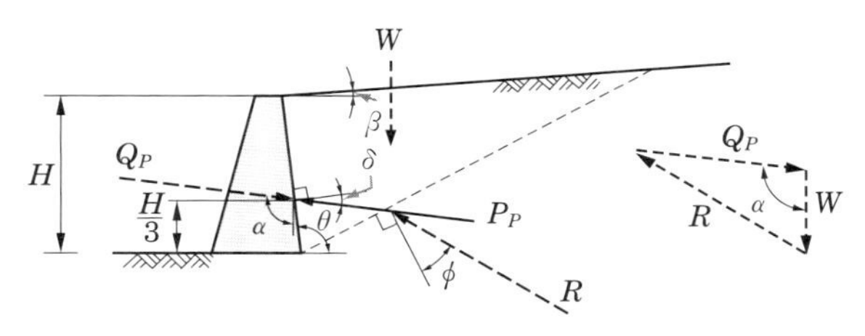


図 7-10　クーロンの受働土圧およびその方向と作用点の位置

## 土圧係数の大きさ

主働土圧係数 $K_A$ や受働土圧係数 $K_P$ は，壁体背面の条件（$\theta$，$\delta$）や，背面の土の条件（$\phi$，$\beta$）を用いて，式(7-7)，(7-11)から求められる。この $K_A$，$K_P$ に，壁面摩擦角 $\delta$ の値が及ぼす影響を調べたものが図 7-11 である。

この図は，$\theta = 90°$，$\beta = 0$ とした場合，壁面摩擦角 $\delta$ の値によって，内部摩擦角 $\phi$ と土圧係数 $K$ がどのような関係にあるかを示している。図から $\delta$ の影響は，主働土圧に対してはあまり大きくなく，実用上無視できる程度であるが，受働土圧に対しては大きくなる。したがって，受働土圧の計算では，$\delta$ の選定が重要である。たとえば $\delta = \frac{1}{2}\phi$ にとった場合の受働土圧係数 $K_P$ の値は，$\delta = 0$ の場合と比べて，$\phi$ が大きくなるに従って 2 倍以上にもなっている。

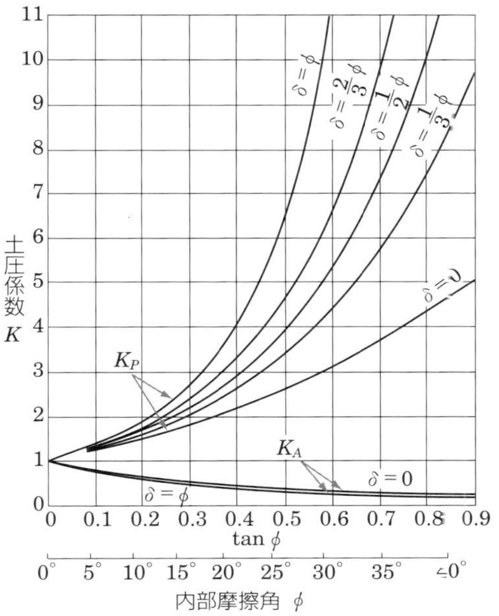

図 7-11　$\phi$ および $\delta$ と $K_A$，$K_P$ との関係（ただし，$c = 0$，$\theta = 90°$，$\beta = 0$ で，すべり面は平面とする）

クーロンの土圧論では，すべり面を平面と仮定しており，$\delta$ が大きくなると受働土圧係数が著しく増大し，過大な結果を与えることになる。したがって，受働土圧の計算において$\delta$が大きくなる場合にはすべり面を平面と仮定しないで，曲面すべり面で計算すべきであるといわれている。

静止土圧係数$K_0$の値は，土の締まりぐあいや堆積の過程によって異なるが，正規圧密粘土では0.5程度，砂では0.4〜0.7程度の範囲にあり，ふつう0.6程度のことが多い。また，$K_0$の値は，ヤーキー（Jaky）の求めた$K_0 = 1 - \sin\phi'$を用いて推定することもある。

# 3 擁壁に作用する土圧

## 1 擁壁に作用する土圧の考え方

一般に，擁壁は主働土圧に対して安定するように設計される。擁壁が静止しているときは，背面土から主働土圧より大きな静止土圧を受けている。しかし，擁壁を完全に固定することは不可能であり，擁壁がごくわずか前方へ変位しただけで，土圧は主働土圧にまで下がり，一定値に落ちつく。したがって，擁壁は主働土圧が働いている条件で設計される。また，擁壁は壁体に水抜き穴を設けるなど，背面土の排水をよくして，水圧が加わらないように施工することになっているので，擁壁では，水圧を考慮しないで設計している。

## 2 載荷重のある場合の土圧

擁壁背面の傾斜角が$\theta$で，地表面の傾斜角が$\beta$である図7-6のような擁壁の背面土に，等分布荷重$q$が載荷された場合には，まず，載荷重を土の高さに換算して，その荷重に相当する土の高さ$\varDelta H$を求める。

$$\varDelta H = \frac{q}{\gamma_t} \cdot \frac{\sin\theta}{\sin(\theta - \beta)} \quad [\mathrm{m}] \qquad (7\text{-}12)$$

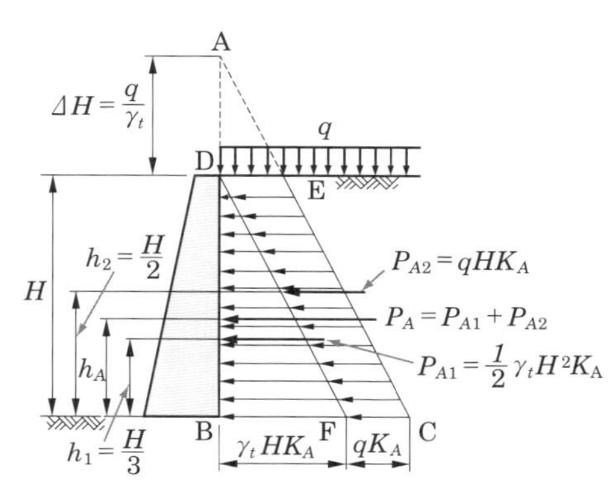


図7-12　等分布荷重による土圧

次に，$\varDelta H$ だけさらに土が地表面より上方に置かれたものと仮定し，これが擁壁の高さ $H$ の区間に作用するものとして，主働土圧 $P_A$ を計算する。

$$\begin{aligned} \boldsymbol{P_A} &= \frac{1}{2}\gamma_t(\boldsymbol{H}+\boldsymbol{\varDelta H})^2\boldsymbol{K_A} - \frac{1}{2}\gamma_t(\boldsymbol{\varDelta H})^2\boldsymbol{K_A} \\ &= \frac{1}{2}\gamma_t\boldsymbol{H}^2\boldsymbol{K_A} + \boldsymbol{qH}\frac{\sin\theta}{\sin(\theta-\beta)}\boldsymbol{K_A} \quad [\mathrm{kN/m}] \end{aligned} \quad (7\text{-}13)$$

いま，図7-12のような擁壁背面が鉛直で，地表面が水平（$\beta = 0$）な場合を考えると，$\dfrac{\sin\theta}{\sin(\theta-\beta)} = 1$ となり，主働土圧 $P_A$ は，次のようになる。

$$\boldsymbol{P_A} = \boldsymbol{P_{A1}} + \boldsymbol{P_{A2}} = \frac{1}{2}\gamma_t\boldsymbol{H}^2\boldsymbol{K_A} + \boldsymbol{qHK_A} \quad [\mathrm{kN/m}] \quad (7\text{-}14)$$

またこのとき，$P_A$ の作用点が擁壁背面の下端から $h_A$ の高さにあるとすれば，$h_A$ は，図の関係から，次のようになる。

$$\boldsymbol{h_A} = \frac{\boldsymbol{P_{A1}h_1} + \boldsymbol{P_{A2}h_2}}{\boldsymbol{P_A}} \quad [\mathrm{m}] \quad (7\text{-}15)$$

**例題 2** 図7-13のような擁壁の背面土に等分布荷重 $q = 20\ \mathrm{kN/m^2}$ を載荷したとき，クーロンの主働土圧 $P_A$ とその作用点の位置 $h_A$ を求めよ。

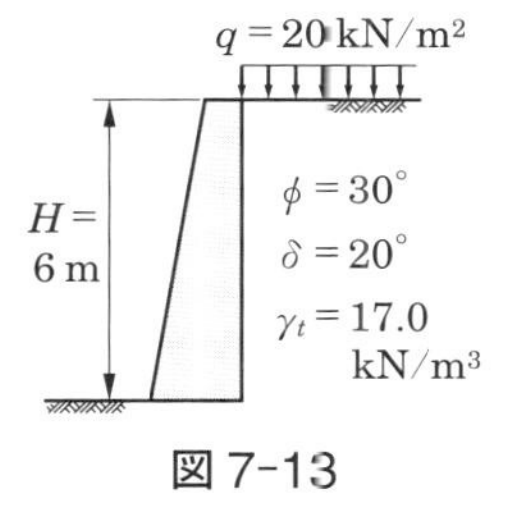


図7-13

**解答** この場合の主働土圧 $P_A$ は，式(7-14)によって求める。クーロンの主働土圧係数 $K_A$ は，式(7-7)から，

$$K_A = \frac{\sin^2(\theta-\phi)}{\sin^2\theta\sin(\theta+\delta)}\left(1+\sqrt{\frac{\sin(\phi+\delta)\sin(\phi-\beta)}{\sin(\theta+\delta)\sin(\theta-\beta)}}\right)^{-2}$$

$$= \frac{\sin^2(90°-30°)}{\sin^2 90°\sin(90°+20°)}\left(1+\sqrt{\frac{\sin(30°+20°)\sin(30°-0)}{\sin(90°+20°)\sin(90°-0)}}\right)^{-2}$$

$$= 0.297$$

ゆえに，$P_A = P_{A1} + P_{A2} = \dfrac{1}{2}\gamma_t H^2 K_A + qHK_A$

$$= \frac{1}{2} \times 17.0 \times 6^2 \times 0.297 + 20 \times 6 \times 0.297$$

$$= 90.9 + 35.6$$

$$= \mathbf{127\ kN/m}$$

なお，この $P_A$ の作用点の位置 $h_A$ は，式(7-15)から，

$$h_A = \frac{P_{A1}h_1 + P_{A2}h_2}{P_A} = \frac{90.9 \times 2 + 35.6 \times 3}{127} = \mathbf{2.27\ m}$$

# 3 ランキンの土圧

クーロンが土圧論を提案してから84年後の1857年，**ランキン**[1]は，地盤を半無限に広がる粘着力のない粉体でできていると仮定し，地盤の内部に仮想した点の圧力の釣合いを考えた。このとき，壁体背面のごく近くの点で，せん断応力がせん断強さに達し，いままさに破壊せんとして釣り合っている応力状態，すなわち，塑性平衡の状態のもとで，鉛直面に働く圧力を求めた。

このような粉体を支えている壁体の鉛直背面には，この圧力に等しい土圧が働き，その方向は，地表面に平行に作用するとした[2]。この場合，塑性平衡が主働状態のときには主働土圧が，受働状態のときには受働土圧が働く。

[1] Rankine

[2] ランキンの土圧は，壁体背面の近くにある土の応力の釣合いだけから求められているので，壁面摩擦角 $\delta$ とは無関係である。

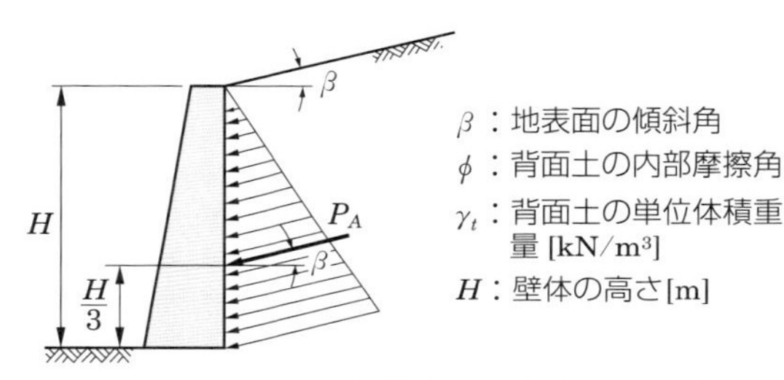


**図 7-14　ランキンの主働土圧の分布および方向とその作用点の位置**

図7-14のような条件の場合におけるランキンの主働土圧 $P_A$ は，奥行単位長さ(1 m)あたりについて，次式で与えられる。

$$\boldsymbol{P_A = \frac{1}{2}\gamma_t H^2 K_A} \quad [\mathrm{kN/m}] \qquad (7\text{-}16)$$

$K_A$：ランキンの主働土圧係数

$$\boldsymbol{K_A = \cos\beta \frac{\cos\beta - \sqrt{\cos^2\beta - \cos^2\phi}}{\cos\beta + \sqrt{\cos^2\beta - \cos^2\phi}}} \qquad (7\text{-}17)$$

また，ランキンの受働土圧 $P_P$ は，次式で与えられる。

$$\boldsymbol{P_P = \frac{1}{2}\gamma_t H^2 K_P} \quad [\mathrm{kN/m}] \qquad (7\text{-}18)$$

$K_P$：ランキンの受働土圧係数

$$\boldsymbol{K_P} = \mathbf{cos}\,\beta\,\frac{\mathbf{cos}\,\beta + \sqrt{\mathbf{cos}^2\beta - \mathbf{cos}^2\phi}}{\mathbf{cos}\,\beta - \sqrt{\mathbf{cos}^2\beta - \mathbf{cos}^2\phi}} \qquad (7\text{-}19)$$

地表面が水平($\beta = 0$)のときの土圧は,

$$\boldsymbol{P_A} = \frac{1}{2}\gamma_t \boldsymbol{H}^2 \mathbf{tan}^2\left(45° - \frac{\phi}{2}\right) \quad [\mathrm{kN/m}] \qquad (7\text{-}20)$$

$$\boldsymbol{P_P} = \frac{1}{2}\gamma_t \boldsymbol{H}^2 \mathbf{tan}^2\left(45° + \frac{\phi}{2}\right) \quad [\mathrm{kN/m}] \qquad (7\text{-}21)$$

5 となり,クーロンの場合の式(7-5)および式(7-9)と一致している。

なお,土圧の作用点は,どちらも壁体背面の下端から壁体の高さの 1/3 のところにある。

地表面が水平で,載荷重のある場合の主働土圧および受働土圧は,

$$\boldsymbol{P_A} = \left(\frac{1}{2}\gamma_t \boldsymbol{H}^2 + \boldsymbol{qH}\right)\mathbf{tan}^2\left(45° - \frac{\phi}{2}\right) \quad [\mathrm{kN/m}] \quad (7\text{-}22)$$

10 $$\boldsymbol{P_P} = \left(\frac{1}{2}\gamma_t \boldsymbol{H}^2 + \boldsymbol{qH}\right)\mathbf{tan}^2\left(45° + \frac{\phi}{2}\right) \quad [\mathrm{kN/m}] \quad (7\text{-}23)$$

で与えられる。

例題 1 の場合について,ランキンの式を用いて主働土圧 $P_A$ を求めよ。

ランキンの主働土圧 $P_A$ は式(7-16)によって求められる。こ
15 こで,ランキンの主働土圧係数 $K_A$ は,式(7-17)から,

$$K_A = \cos\beta\,\frac{\cos\beta - \sqrt{\cos^2\beta - \cos^2\phi}}{\cos\beta + \sqrt{\cos^2\beta - \cos^2\phi}}$$

$$= \cos 10° \times \frac{\cos 10° - \sqrt{\cos^2 10° - \cos^2 30°}}{\cos 10° + \sqrt{\cos^2 10° - \cos^2 30°}} = 0.350$$

ゆえに,$P_A = \frac{1}{2}\gamma_t H^2 K_A = \frac{1}{2} \times 17.0 \times 5^2 \times 0.350 = \mathbf{74.4\ kN/m}$

# 4 土留め板に加わる土圧

## 1 壁体の変位や変形と土圧分布

クーロンおよびランキンの土圧論では，壁体そのものの移動のしかたや変形が，土圧分布やその土圧の大きさに及ぼす影響については考えておらず，土圧は深さに比例して増加する三角形分布を示すものとしている。

実験の結果によると，壁体に作用する土圧分布は，図 7-15 のように，壁体そのものの変位と変形によって異なって表される。壁体が下端を中心として前面に傾く場合には，主働土圧が作用し，土圧は三角形分布する（図(a)）。壁体の下端だけが変位する場合は，固定された上部で静止土圧が作用し，ある程度の変位が生じたところで主働土圧となり，下部での土圧は底面部分の土による摩擦で小さくなり，ほぼ放物線状に分布する（図(b)）。

また，壁体全体が平行に変位する場合も，土圧は放物線に近い分布となる（図(c)）。さらに，壁体の上下端が固定されて中央部だけがふくらむときには，静止土圧から主働土圧に変化するような土圧分布となる（図(d)）。

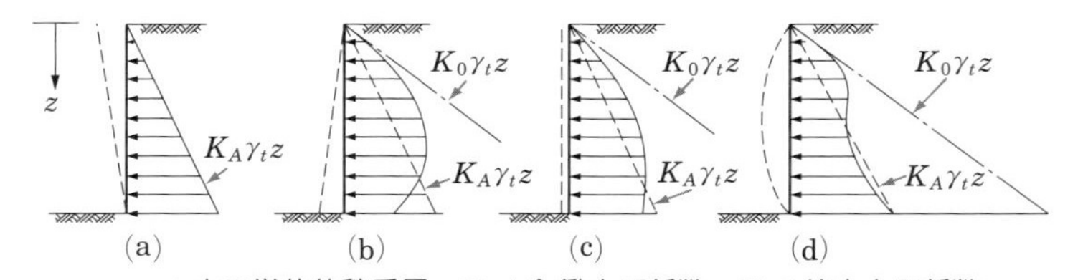


$\gamma_t$：土の単位体積重量，$K_A$：主働土圧係数，$K_0$：静止土圧係数

**図 7-15　壁体の変位・変形と土圧分布**

壁体の設計にあたっては，クーロンやランキンの式がそのまま用いられているが，図のような壁体の変位・変形が予想される土留め板[1]などの仮設構造物の設計には，その影響を考えに入れ，多くの実測データに基いて定められた土圧分布を用いている。

❶地盤の掘削や盛土などによって生じる鉛直面や斜面に，壁体などの構造物を設けて，地盤の崩壊や過大な変形を防止することを土木分野では一般に土留めとよんでいるが，建築分野では根切り工事の土留めを山留めとよんでいる。

## 2 土留め板に加わる側圧

地下鉄や埋設管などの地下部分に構造物をつくる工事では，地盤の掘削(根切りともいう)をともなうが，このとき，図 7-16 に示す親杭や横矢板を腹起しと切梁(ばり)で支える仮設構造物が用いられる。

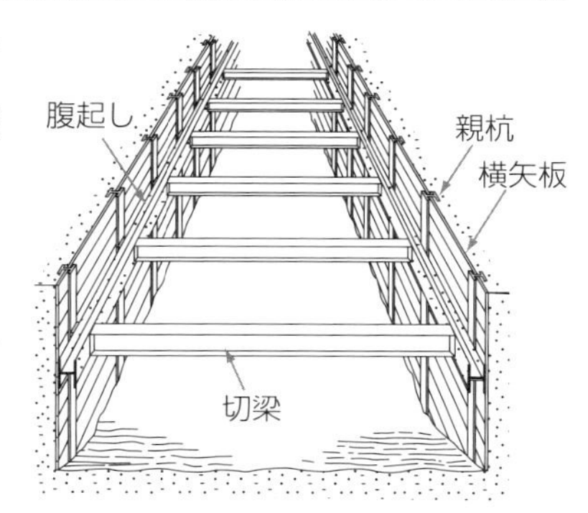

図 7-16　根切り工事の断面の例

この土留め板の設計では，壁面に作用する土圧や水圧などを含めた側圧を知ることが必要である。

壁体が変形する場合の土圧分布は，図 7-15 で示したように複雑であるため，多くの工事で得られた切梁に作用する力の実測値から，土質ごとに求めた側圧分布曲線が利用される。この代表的な例として，テルツァギとペック[1]による図 7-17(a)，(b)，(c)の側圧分布がある。

[1] Peck

なお，土留め板の設計を行う場合には，切梁や腹起しの断面設計と，土留め板の根入れ深さの計算に分けて行う。切梁や腹起しの断面設計には，図の側圧分布が用いられる。

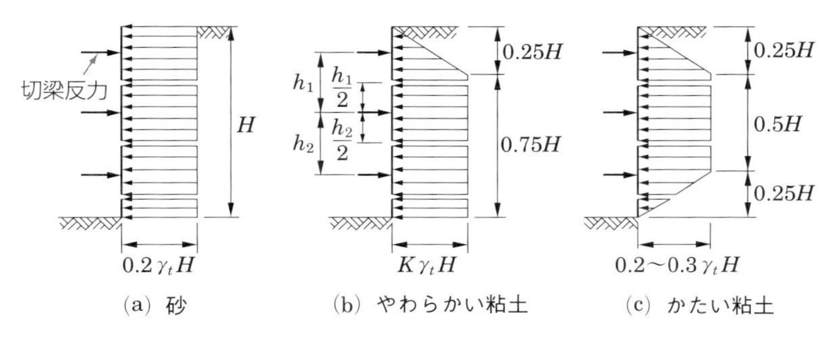


$\gamma_t$：土の単位体積重量[kN/m³]，$H$：根切り深さ[m]

$K$：側圧係数 $\left(1-\frac{4c_u}{\gamma_t H}\right)$ (ただし，$K \geqq 0.3$)

$c_u$：粘土の非排水せん断強さ[kN/m²]

図 7-17　切梁や腹起しの断面設計に用いる側圧分布
(テルツァギとペックによる)

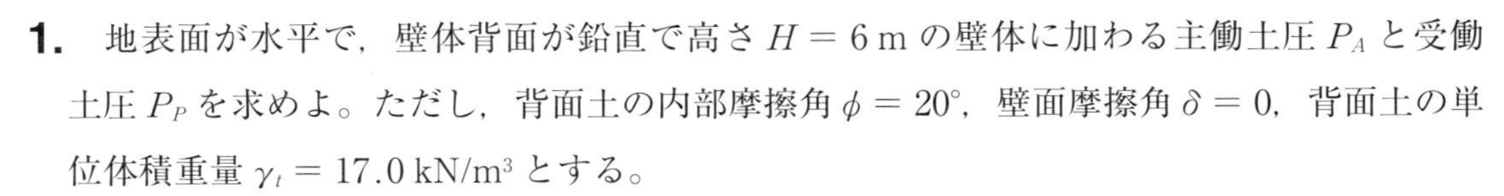

# 第7章　章末問題

**1.** 地表面が水平で，壁体背面が鉛直で高さ $H = 6\,\mathrm{m}$ の壁体に加わる主働土圧 $P_A$ と受働土圧 $P_P$ を求めよ。ただし，背面土の内部摩擦角 $\phi = 20°$，壁面摩擦角 $\delta = 0$，背面土の単位体積重量 $\gamma_t = 17.0\,\mathrm{kN/m^3}$ とする。

**2.** 壁体背面の傾斜角 $\theta = 100°$ で，高さ $H = 6\,\mathrm{m}$ の壁体がある。この壁体に作用するクーロンの主働土圧 $P_A$ と受働土圧 $P_P$ を求めよ。ただし，地表面の傾斜角 $\beta = 5°$，背面土の内部摩擦角 $\phi = 20°$，壁面摩擦角 $\delta = 10°$，背面土の単位体積重量 $\gamma_t = 16.0\,\mathrm{kN/m^3}$ とする。

**3.** 図 7-18 のような擁壁の背面土に等分布荷重 $q = 20\,\mathrm{kN/m^2}$ を載荷したとき，クーロンの主働土圧の分布図を描き，主働土圧 $P_A$ とその作用点の位置 $h_A$ を求めよ。

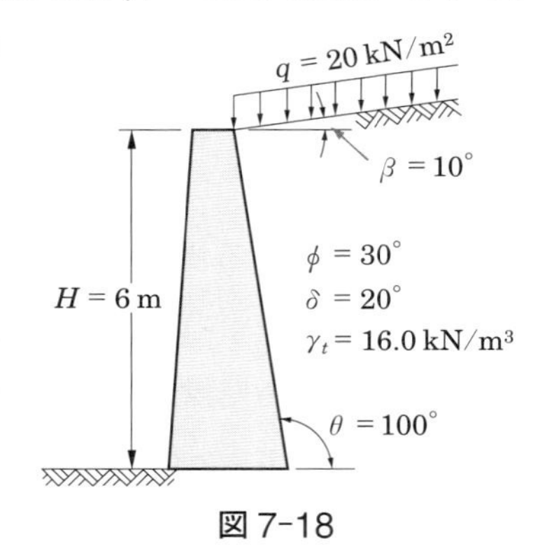


図 7-18

**4.** 地表面の傾斜角 $\beta = 5°$，壁体背面の傾斜角 $\theta = 90°$ で，高さが $H = 6\,\mathrm{m}$ である壁体に作用するランキンの主働土圧 $P_A$ と受働土圧 $P_P$ を求めよ。ただし，背面土の内部摩擦角 $\phi = 20°$，背面土の単位体積重量 $\gamma_t = 17.0\,\mathrm{kN/m^3}$ とする。

**5.** 地表面が水平で，壁体背面が鉛直である高さ 6 m の擁壁がある。この擁壁の背面土に等分布荷重 $q = 20\,\mathrm{kN/m^2}$ が載荷された場合，この擁壁に作用するランキンの主働土圧 $P_A$ を求めよ。ただし，背面土の内部摩擦角 $\phi = 30°$，背面土の単位体積重量 $\gamma_t = 17.0\,\mathrm{kN/m^3}$ とする。

# 地盤の支持力

土の支持力の試験

地盤に構造物などを建造した場合，構造物荷重によって地盤はせん断されようとするが，土にはせん断強さがあり，ある大きさの荷重までは破壊せずに支持できる。地盤の締まりぐあいやかたさ，やわらかさによって，また，構造物の重要性や荷重の大きさなどによって基礎にはいろいろな種類が採用される。

さらに，構造物荷重が地盤の支持できる力より小さな荷重であっても，その荷重によって地盤は沈下を生じることがある。この沈下量が大きかったり不同沈下があれば，構造物に重大な影響を及ぼすことになる。

●基礎の形式や種類にはどのようなものがあるのだろうか。
●基礎にゆるされる沈下量はどの程度のものなのだろうか。
●いろいろな基礎の支持できる力の計算方法はどのようにするのだろうか。

# 1 基礎と支持力

## 1 基礎の種類

**基礎**[1]は，上部構造物と地盤との間にあって，上部からの荷重を地盤に伝達する役目をもっている。基礎の形式は，表8-1のように浅い基礎と深い基礎に大別され，それらにはいろいろな種類がある。

[1] foundation

表8-1　基礎の形式と種類

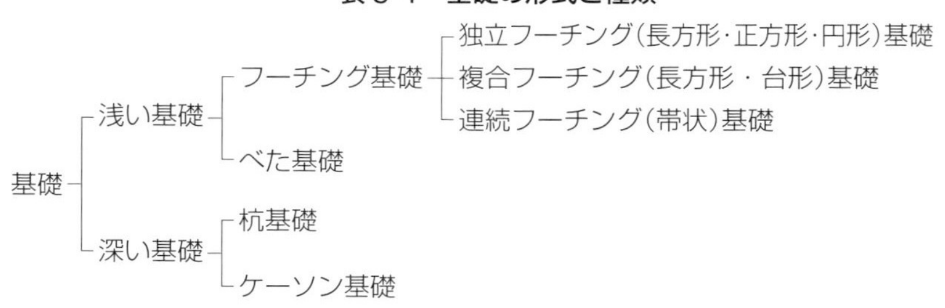


一般に，基礎幅$B$が，根入れ深さ$D_f$に等しいか，$D_f$より大きな場合の基礎を**浅い基礎**[2]という。この基礎には，図8-1(a)のフーチング基礎や図(b)のべた基礎がある。浅い基礎は，上部からの荷重を，基礎スラブの底面から直接地盤に伝えることから**直接基礎**[3]ともよばれる。この基礎は，地盤の表層がかたい場合など，地盤条件が良好な場合に用いられる。

[2] shallow foundation

[3] spread foundation

これに対し，図(c)の杭基礎や図(d)のケーソン基礎は，**深い基礎**[4]として区別されている。この基礎は，地盤の表層がやわらかく，深いところにかたい地層(支持層)があり，構造物荷重を杭やケーソンなどによって，支持層で支えようとする場合などに用いられる。

[4] deep foundation

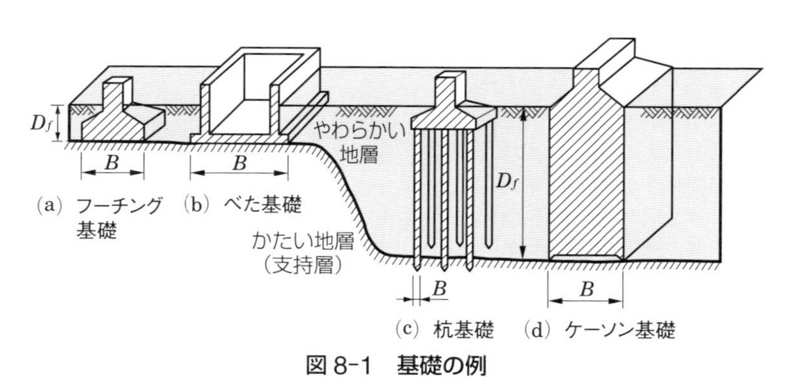


図8-1　基礎の例

### 設計指針における基礎の分類

浅い基礎と深い基礎の区分は，理論式の適用上からされたものである。133 ページで説明するテルツァギの支持力算定式は，基礎幅 $B$ が根入れ深さ $D_f$ より大きな($\frac{D_f}{B} \leqq 1$)場合に適用でき，このような条件の基礎を浅い基礎とし，これ以外を深い基礎として分類した。

わが国における設計指針などにおいては，基礎形式によってそれぞれ計算の考え方が異なり，用いる計算式も独立している。そのため，基礎は，浅い基礎，深い基礎とは区分せず，浅い基礎はすべて直接基礎とし，支持のしかたによって直接基礎・杭基礎・ケーソン基礎に分類している。

この場合，ケーソン基礎は，一般に基礎幅 $B$ がかなり大きく，根入れ深さ $D_f$ が $B$ を超えなくても，かなり深い根入れになるため，道路橋の基礎では $\frac{D_f}{B} \leqq 0.5$ になるものを直接基礎として取り扱っている。また，建築の場合では，ケーソン基礎を用いることがないため，直接基礎と杭基礎の二つに分類している。

## 2 地盤の破壊と支持力

基礎を通して地盤に加わる荷重を，地盤が破壊することなく支える能力を**支持力**❶といい，一般に単位面積あたりの荷重の大きさで表される。また，地盤に加わる荷重を増加していくとき，それにともなって同時に生じる沈下は，はじめのうちは，荷重の大きさにほぼ比例するが，やがて沈下のほうが大きくなり破壊にいたる。このとき，地盤がせん断破壊を生じる極限の荷重，すなわち地盤が支持できる最大の荷重を**極限支持力**❷という。

❶bearing capacity

❷ultimate bearing capacity

地盤が密であるか，かたいときには，荷重-沈下量曲線は図 8-2 の曲線①のようになり，地盤の破壊を示すあきらかな急折点がみられる。このような破壊のしかたを**全般せん断破壊**❸という。図における $q$ は，このときの地盤の極限支持力を表す。

❸general shear failure

❹local shear failure

また，地盤がゆるいか，やわらかいときなどには，荷重-沈下量曲線は曲線②のようになり，はっきりした急折点をみつけることは困難である。曲線②で示されるような破壊を**局部せん断破壊**❹という。このときの極限支持力 $q'$ は，経験的な方法で，破壊したと判断できるような荷重を求めて決められる。

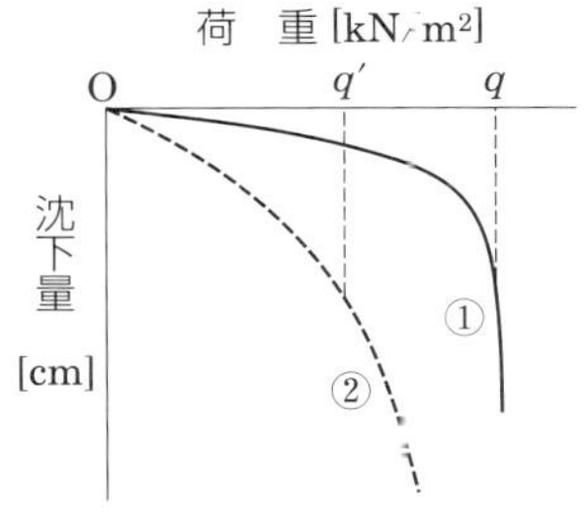

図 8-2　荷重-沈下量曲線の形状

構造物を設計する場合，地盤の極限支持力の値が必要であるが，ふつうこの値は，地盤の強度定数 $c$，$\phi$ の値を用いて計算によって推定している。とくに浅い基礎の支持力を求める場合には，地盤が全般せん断破壊をするか，あるいは局部せん断破壊をするかを知っておく必要がある。この場合，地盤の $\phi$ の値が小さな場合は局部せん断破壊を，大きな場合は全般せん断破壊をするとされている。

この極限支持力を所要の安全率で割った値を**許容支持力**❶という。構造物の設計荷重は，少なくともこの許容支持力以下でなければならない。

❶allowable bearing capacity

## 3 接地圧と基礎の沈下

構造物の荷重は，基礎底面を通じて地盤に伝えられる。このとき，基礎底面が地盤に及ぼす圧力を**接地圧**❷という。この接地圧を，地盤から基礎の底面に働いている反力とみるとき**地盤反力**❸という。

❷contact pressure

❸subgrade reaction

この接地圧と沈下のようすを，粘土地盤の場合で考える。構造物の荷重が基礎底面で等分布荷重として作用するとき，基礎が薄くてたわみやすい構造であれば，図 8-3(a)のように，接地圧は等分布に地盤に伝えられ，沈下は皿状になる。これに対し，基礎の剛性が大きな場合には一様な沈下になるため，等分布の荷重であっても接地圧の分布は一様にならず，図(b)のように，端部で大きな接地圧を示すことになる。

一般に，地盤は局部的に降伏し，非排水せん断変形による沈下が進んでいく❹。この沈下は，載荷後短時間で生じ，**即時沈下**❺とよばれる。図 8-2 の沈下量は，この即時沈下を表している。

❹p. 101 参照

❺immediate settlement

等分布荷重が，地盤の支持力より小さな荷重であれば，載荷後短時間で即時沈下が終わり，接地圧は平均化されて，その後長時間にわたって地盤の圧密が生じ，圧密沈下が続くことになる。そのため基礎の沈下は，即時沈下と圧密沈下が加え合わされたものである❻。

❻砂質地盤では浸透性が大きいため，圧密沈下はきわめて短時間に終了するので，即時沈下の一部に含まれてしまうと考えて，即時沈下だけが検討されている。粘性土地盤では，沈下は即時沈下と圧密沈下からなるが，多くの場合，圧密沈下が圧倒的に大きく、即時沈下は無視されることが多い。

基礎の荷重は，破壊に対してじゅうぶん安全な許容支持力以下に

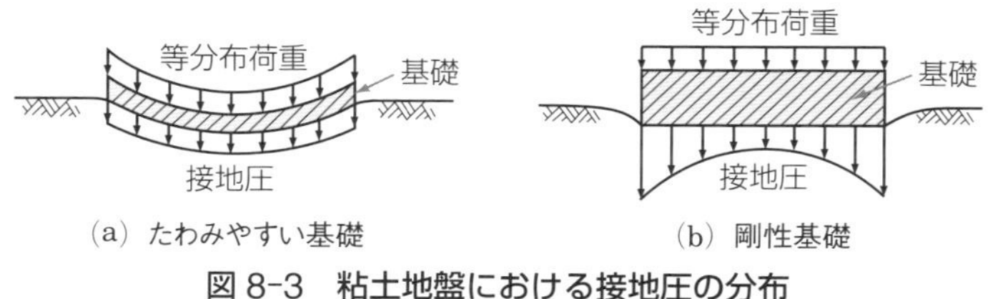


図 8-3　粘土地盤における接地圧の分布

なるように設計されるので，その荷重の範囲では，図 8-2 の荷重-沈下量曲線は，ほぼ弾性範囲内にあり，即時沈下量は地盤を弾性体と仮定して計算される❶。圧密沈下量は，84 ページで学んだ方法により計算される。

## 4 構造物の許容沈下量

構造物荷重により，地盤が圧縮されて基礎の即時沈下や圧密沈下が生じることは前項で学んだ。この基礎の沈下がかなりあっても，基礎全体に一様に起こるならば，一般に，上部の構造物自体にはあまり支障はない。しかし，わずかでも構造物が傾くなど，基礎の各点で沈下量が異なるような**不同沈下**❷があると，上部の構造物に有害な応力が生じて，ひび割れや破壊を生じ，構造物としての機能を発揮できなくなることがある。したがって，基礎の設計にあたっては，不同沈下量をできるだけ小さくし，構造物に許容される範囲にとどめなければならない。

実際には，基礎によって地盤に伝えられる荷重が一様でないことや，地盤の性質が場所によって異なるなどのため，全沈下量の何割かは必ず不同沈下量となって現れてくると考えられ，また全沈下量が大きいほど，不同沈下量も大きくなるのがふつうである。この不同沈下量を推定することは，必ずしも容易ではないため，全沈下量をある限界内にとどめて，有害な不同沈下量を防ぐように設計する方法がとられている。

これらのことから，構造物に対して障害を与えないようなある限

❶図 8-2 の関係は地盤において測定され，荷重は圧力計で測定しながら作用させるものであるから，圧力計の示す値は地盤圧力を示している。
　この地盤反力と沈下量の示す初期の直接部分の関係から地盤反力係数を求め，この係数を利用して即時沈下量を推定している。

❷differential settlement

**表 8-2　基礎の種類に対する許容沈下量**(即時沈下の場合)

| 基礎の種類 | 独立フーチング基礎 | 連続フーチング基礎 | べた基礎 |
|---|---|---|---|
| 標準値[cm] | 2.0 | 2.5 | 3.0～(4.0) |
| 最大値[cm] | 3.0 | 4.0 | 6.0～(8.0) |

(　)内は基礎梁の高さが大きい場合，あるいは二重スラブなどでじゅうぶん剛性が大きい場合　　(日本建築学会「建築基礎構造設計指針」による)

**表 8-3　基礎の種類に対する許容最大沈下量**(圧密沈下の場合)

| 基礎の種類 | 独立フーチング基礎 | 連続フーチング基礎 | べた基礎 |
|---|---|---|---|
| 標準値[cm] | 5 | 10 | 10～(15) |
| 最大値[cm] | 10 | 20 | 20～(30) |

(　)内は基礎梁の高さが大きい場合，あるいは二重スラブなどでじゅうぶん剛性が大きい場合　　(日本建築学会「建築基礎構造設計指針」による)

度内の沈下量，すなわち**許容沈下量**[1]は，構造物の基礎の種類に応じて適切に選ぶことが必要である。

[1] allowable settlement

建築物の場合では，浅い基礎の種類に対する許容沈下量の目安として，即時沈下の場合が表 8-2，圧密沈下の場合が表 8-3 で与えられている。この場合，計算された沈下量がこれらの表の値よりも過大なものであれば，基礎底面の面積を広げて単位面積あたりの荷重を減少させ，地盤内の応力の低減をはかるか，地盤の表層部の工学的性質を改良するなどの方法がとられる。

## 5 地盤の許容地耐力

構造物を安定させ，安全に支持できる基礎を設計するには，これまで学んだように，次の二つの条件を満足する必要がある。

(1) 基礎を支える地盤がせん断破壊を生じないよう，基礎底面に加わる荷重より，地盤の極限支持力がじゅうぶんに大きいこと。

(2) 基礎を支える地盤がせん断破壊するまでにはいたらなくても，上部の構造物に障害を与えるほど大きな沈下や，不同沈下が生じないこと。

以上のことから，基礎を設計する場合，載荷重が許容支持力の範囲内にあるようにし，載荷重による沈下量が許容沈下量の範囲内であるかどうかを調べる。この許容支持力と許容沈下量の両方を満足する支持力を**許容地耐力**[2]といい，基礎の設計にあたっては，この許容地耐力を決定する必要がある[3]。

[2] allowable bearing power

[3] 基礎の設計においては，沈下量の推定に困難をともなうことが多く，許容支持力の面からじゅうぶん安全に設計する方法がとられていることが多いため，本章では，許容支持力の計算を中心に説明している。
　なお，建築構造物で浅い基礎を用いる場合は，沈下量の制限から支持力が決まる事例が多いため，沈下量の推定を適切に行うことがたいせつである。

図 8-4 は許容支持力・許容沈下量・許容地耐力の関係を示したものである。構造物による荷重が許容地耐力以下であれば，基礎地盤は破壊に対してじゅうぶんに安全であり，また，構造物に有害な影響を与えるような沈下も生じないことになる。

なお，極限支持力から許容支持力を求めるときの安全率は，構造物の重要性および地盤の状態や性質に応じて決定される。

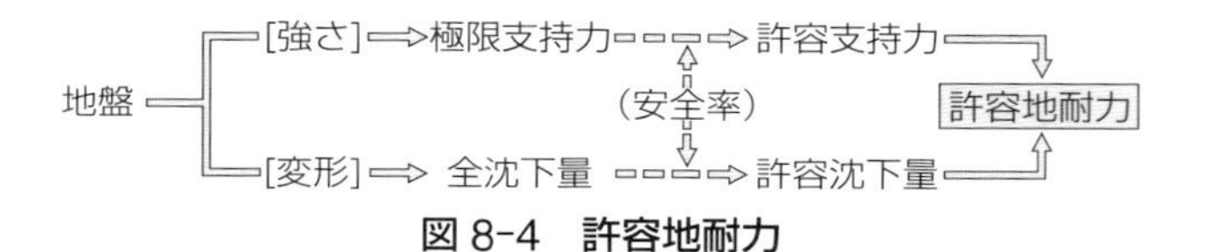

図 8-4　許容地耐力

# 2 浅い基礎の支持力

## 1 テルツァギの支持力算定式

浅い基礎の支持力を求めるには多くの方法が提案されているが，ここでは，**テルツァギの支持力算定式**について学ぶ。

5 テルツァギは，基礎底面が完全に粗で，地盤が塑性平衡の状態にあるとして，帯状に連続した浅い基礎の極限支持力 $q$ を，地盤が全般せん断破壊する場合について，次のように考えた。

図 8-5 に示すように，載荷重 $q$ が根入れ深さ $D_f$ の基礎を通じて地盤に作用している。このとき，深さ $D_f$ の基礎底面を通る水平面

10 より上にある根入れ部分の土の荷重 $\gamma_t D_f$ を，水平面に一様に分布する載荷重と考える。基礎底面が完全に粗である場合，基礎直下の二等辺三角形 abc 内にある土塊は，基礎と一体となって下方へ移動しようとする。この作用によって，側方の土塊 acde と bcfg は横方向に移動しようとするため，cde 面，cfg 面に作用する土のせん

15 断応力が，せん断強さより大きくなったとき，cde 面，cfg 面に沿ってすべりが発生し，せん断破壊にいたる。

以上のような地盤の極限状態における力の釣合いを考えることで，テルツァギは，浅い帯状の基礎の極限支持力 $q$ を求める式を次のように提案している。

20
$$\boldsymbol{q = cN_c + \gamma_t D_f N_q + \frac{1}{2}\gamma_t B N_\gamma} \quad [\mathrm{kN/m^2}] \qquad (8\text{-}1)$$

$c$：地盤の粘着力［$\mathrm{kN/m^2}$］，$B$：基礎底面の最小幅［m］，
$\gamma_t$：地盤の単位体積重量［$\mathrm{kN/m^3}$］，$D_f$：基礎の根入れ深さ［m］，
$N_c$，$N_q$，$N_\gamma$：支持力係数（図 8-6）

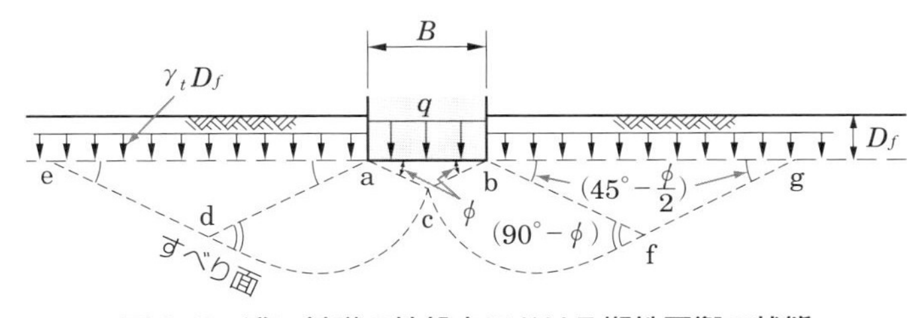


図 8-5　浅い基礎の地盤内における塑性平衡の状態

ここで，式(8-1)の右辺の第1項は，基礎底面より下にある地盤の粘着力 $c$ に支配される項である。また，第2項は基礎の根入れ深さ $D_f$ に比例する項で，$D_f$ による土の重量が押えの役割をし，基礎底面より下の地盤のせん断破壊を防止する働きをするものである。

さらに，第3項は基礎底面より下の土の自重の影響を考えた項で，幅 $B$ に左右される。**支持力係数**[1] $N_c$，$N_q$，$N_\gamma$ は，基礎底面より下にある地盤の内部摩擦角 $\phi$ だけで決まる値であり，その関係を図8-6に示す。

なお，地盤がゆるく局部せん断破壊が生じる場合の極限支持力 $q'$ は，図の支持力係数 $N_c'$，$N_q'$，$N_\gamma'$ を用いて求められる。

[1] bearing capacity factor

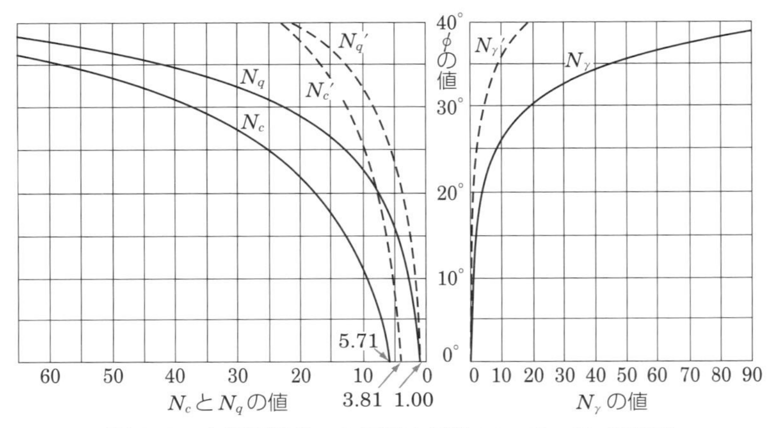


**図8-6　内部摩擦角 $\phi$ と支持力係数 $N_c$，$N_q$，$N_\gamma$ の関係**

# 2　浅い基礎の許容支持力の計算

## 1　一般化した支持力算定式

テルツァギの提案した式(8-1)は，帯状に連続した基礎で，地盤が均質な場合に適用されたが，基礎にはさまざまな形状があり，地盤も不均質なため，一般的な場合に適用できるような支持力算定式[2]が提案されている。

一般化した場合の極限支持力 $q$ は，基礎底面の形状を考慮した形状係数を取り入れ，基礎底面より上にある土と下にある土の単位体積重量を区別して，次式で示されている。

[2] ここでは，日本建築学会「建築基礎構造設計指針」の式で説明している。

$$q = \alpha c N_c + \gamma_{t1} D_f N_q + \beta \gamma_{t2} B N_\gamma \quad [\mathrm{kN/m^2}] \qquad (8\text{-}2)$$ [1]

$c$：基礎底面より下にある土の粘着力 $[\mathrm{kN/m^2}]$,
$\gamma_{t1}$：基礎底面より上の土の単位体積重量 $[\mathrm{kN/m^3}]$,
$\gamma_{t2}$：基礎底面より下の土の単位体積重量 $[\mathrm{kN/m^3}]$,
$B$：基礎底面の最小幅 [m], $D_f$：基礎の根入れ深さ [m],
$\alpha$, $\beta$：基礎底面の形状係数(表 8-4),
$N_c$, $N_q$, $N_\gamma$：支持力係数(表 8-5)

[1] 式(8-2)の $\gamma_{t1}$, $\gamma_{t2}$ は，地下水位以下にある場合には水中単位体積重量 $\gamma'$ を用いる。

**表 8-4　基礎底面の形状によって決まる形状係数**

| | | 形状係数 | |
|---|---|---|---|
| | | $\alpha$ | $\beta$ |
| 基礎底面の形状 | 連　続 | 1.0 | 0.5 |
| | 正方形 | 1.3 | 0.4 |
| | 長方形 | $1.0+0.3\dfrac{B}{L}$ | $0.5-0.1\dfrac{B}{L}$ |
| | 円　形 | 1.3 | 0.3 |

$B$：長方形における短辺の長さ
$L$：長方形における長辺の長さ
(日本建築学会「建築基礎構造設計指針」による)

表 8-4 に形状によって決まる形状係数 $\alpha$, $\beta$ の値を示す。

浅い基礎の支持力を求めるため，式(8-2)のテルツァギの支持力算定式を用いるには，土の内部摩擦角によって，地盤が全般せん断破壊するのか，局部せん断破壊するのかをあらかじめ判断し，それに応じた支持力係数を採用する必要がある。

一般に，これは容易なことではないから，支持力係数については，図 8-6 において，内部摩擦角が小さな間は局部せん断破壊の曲線の値を採用し，内部摩擦角が大きくなるに従って，しだいに全般せん断破壊の曲線の値に変化させる方法が考案されている。このように，実用的に修正した支持力係数を表 8-5 と図 8-7 に示す。

**表 8-5　支持力係数**($N_q{}^* = N_q + 2$)

| $\phi$ | $N_c$ | $N_q$ | $N_q{}^*$ | $N_\gamma$ |
|---|---|---|---|---|
| 0° | 5.3 | 1.0 | 3.0 | 0 |
| 5° | 5.3 | 1.4 | 3.4 | 0 |
| 10° | 5.3 | 1.9 | 3.9 | 0 |
| 15° | 6.5 | 2.7 | 4.7 | 1.2 |
| 20° | 7.9 | 3.9 | 5.9 | 2.0 |
| 25° | 9.9 | 5.6 | 7.6 | 3.3 |
| 28° | 11.4 | 7.1 | 9.1 | 4.4 |
| 32° | 20.9 | 14.1 | 16.1 | 10.6 |
| 36° | 42.2 | 31.6 | 33.6 | 30.5 |
| 40° 以上 | 95.7 | 81.2 | 83.2 | 114.0 |

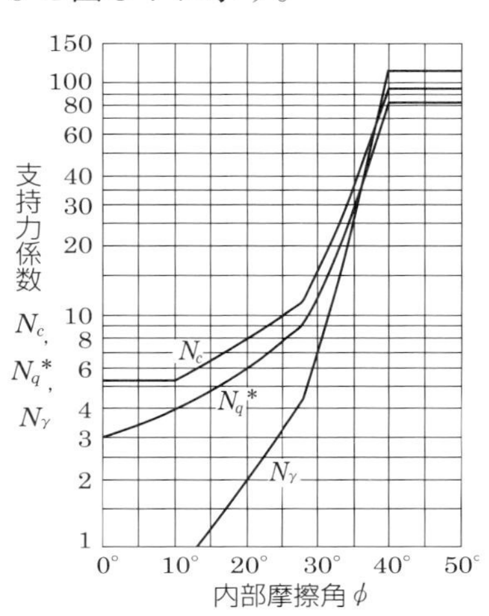


**図 8-7　実用的に修正した支持力係数**
(日本建築学会「建築基礎構造設計指針」による)

## 2 許容支持力の計算

基礎を設計する場合には，許容支持力の算定が必要である。許容支持力は，式(8-2)の極限支持力を所要の安全率で割って求められる。ところが，掘削底面に作用している土被り圧は，押え荷重として有効に働いているので，土被り圧の効果を，安全率で割る計算からはずしておくために，式(8-2)の両辺から $\gamma_{t1}D_f$ を減じると，次式のようになる。

$$q - \gamma_{t1}D_f = \alpha cN_c + \gamma_{t1}D_f(N_q - 1) + \beta\gamma_{t2}BN_\gamma$$

ここで，土被り圧の効果をはずした右辺を安全率3で割り，左辺の $\gamma_{t1}D_f$ を右辺にもどして求められる値を，許容支持力 $q_a$ [❶] とすると，次式のようになる。

$$q_a = \frac{1}{3}\{\alpha cN_c + \gamma_{t1}D_f(N_q - 1) + \beta\gamma_{t2}BN_\gamma\} + \gamma_{t1}D_f$$

$$= \frac{1}{3}\{\alpha cN_c + \gamma_{t1}D_f(N_q + 2) + \beta\gamma_{t2}BN_\gamma\}$$

ここで，$N_q + 2$ を改めて $N_q{}^*$ と置くと，次式のようになる。

$$\boldsymbol{q_a = \frac{1}{3}(\alpha cN_c + \gamma_{t1}D_fN_q{}^* + \beta\gamma_{t2}BN_\gamma)} \quad [\mathrm{kN/m^2}] \quad (8\text{-}3)$$

表8-5，図8-7に，式(8-3)に適用される設計用の支持力係数を示す[❷]。

❶この $q_a$ を求める式では，基礎に作用する荷重は鉛直荷重だけを考えている。しかし，橋台や擁壁などのように，荷重が偏心したり傾斜している場合があり，これらの場合の許容支持力は，鉛直荷重だけの場合より小さく見積もることが必要である。

❷支持力係数は，$\phi$ が大きくなると過大な値となるので，$\phi = 40°$ 以上では支持力係数を一定の値としている。

**例題 1** 図8-8のような地盤条件のもとで，地下水位のところまで掘削して，1辺の長さが2mの正方形フーチング基礎を設けるとき，この地盤の許容支持力 $q_a$ を求めよ。

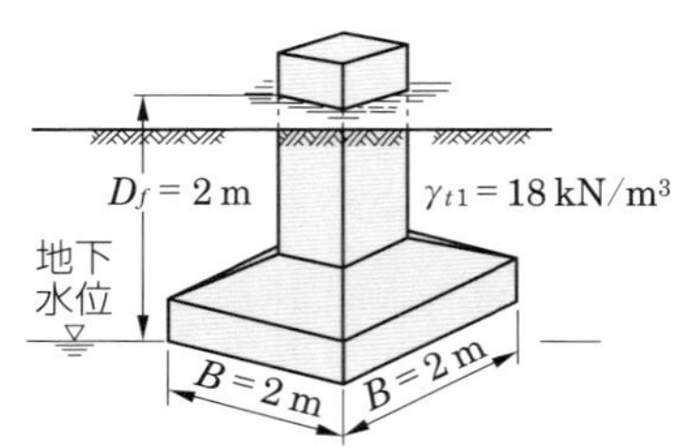

$\gamma_{sat2} = 19.8$ kN/m³，$c = 0$，$\phi = 32°$

図8-8

**解答** 正方形フーチング基礎の形状係数は，表8-4から $\alpha = 1.3$，$\beta = 0.4$ であり，$\phi = 32°$ に対する支持力係数は，表8-5から $N_c = 20.9$，$N_q{}^* = 16.1$，$N_\gamma = 10.6$ と求まる。

これらの値と，$c = 0$，$\gamma' = \gamma_{sat2} - \gamma_w = 19.8 - 9.8 = 10.0$ kN/m³，$D_f = 2$ m，$B = 2$ m を式(8-3)に代入して許容支持力 $q_a$ を求めると，次のようになる。

$$q_a = \frac{1}{3}(\alpha cN_c + \gamma_{t1}D_fN_q{}^* + \beta\gamma_{t2}BN_\gamma)$$

$$= \frac{1}{3} \times (1.3 \times 0 \times 20.9 + 18 \times 2 \times 16.1 + 0.4 \times 10 \times 2 \times 10.6)$$

$$= \frac{1}{3}(0 + 579.6 + 84.8) = \mathbf{221.5\ kN/m^2}$$

# 3　杭基礎の支持力

深い基礎には，杭基礎あるいはケーソン基礎などがあり，最もよく用いられるのは**杭基礎**❶である。杭基礎は，工場で製作された既製杭を用いる場合と，現場で掘削した穴に直接杭をつくっていく場所打ち杭の場合とがある❷。

❶pile foundation

❷本書では場所打ち杭の場合を説明する。

杭基礎は，一般に，浅いところに良質の支持層がなく，そのため，浅い基礎では構造物からの荷重を支持できない場合に用いられる。

基礎に用いられる杭は，ふつう，近接して複数の杭を打設する。この場合，支持力や変形に対して隣接する杭の影響を受けないものを**単杭**❸といい，支持力や沈下に，たがいに影響しあうような杭の集団を**群杭**❹とよぶ。

❸single pile

❹pile group

杭基礎は，荷重の支持のしかたによって，図 8-9 に示すように，支持杭と摩擦杭に分けられる。図(a)に示す**支持杭**❺は，軟弱な層を貫いて下部の支持層に到達させ，上部構造物の荷重を支持層に伝達して，杭の先端の支持力で支える。

❺bearing pile

また，図(b)に示す**摩擦杭**❻は，杭の全長にわたる地盤との周面摩擦力によって，上部構造物の荷重を支える杭である❼。

❻friction pile

❼図 8-9(a)の軟弱な土層が圧密を生じ沈下した場合，杭は支持層で支持され沈下しないため，杭周面に下向きの摩擦力が生じる。これを負の摩擦力またはネガティブフリクションといい，杭には下向きの荷重が増える。

一般に，杭の支持力は，杭先端地盤の支持力と杭周面の摩擦力の両方を組み合せて算出される。

杭基礎の支持力を推定する方法には，

① 鉛直載荷試験から求める方法

② 静力学的支持力算定式から求める方法

③ 載荷試験データに基づく経験式から求める方法

に大別される。このうち，①の方法が最も信頼性が高いといわれて

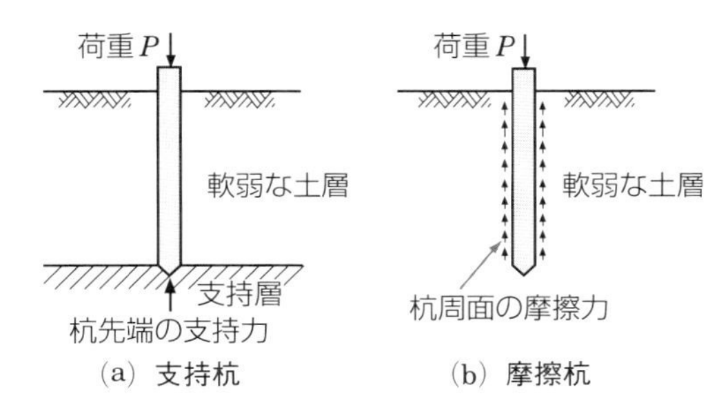


図 8-9　杭の種類

いる。現在，道路橋や建築基礎に用いられている実用式は，多数の載荷試験データを整理し解析することによって求められた③の経験式が用いられている。ここでは，③の経験式を導きだすときの考えのもととなっている②の静力学的支持力算定式について学ぶ。

## 1 単杭の静力学的支持力算定式

杭1本あたりが支持できる限界の荷重の大きさを，杭の極限支持力 $Q_d$ という。この $Q_d$ は，杭先端の地盤の極限支持力 $Q_p$ [kN] と杭周面に働く摩擦力 $Q_f$ [kN] の和として，次式で表される。

$$\boldsymbol{Q_d = Q_p + Q_f = q_d A_p + \pi B f_s D_f} \quad [\mathrm{kN}] \qquad (8\text{-}4)$$

$q_d$：杭先端地盤の極限支持力 [kN/m$^2$]，$A_p$：杭先端の面積 [m$^2$]，
$B$：杭の直径 [m]，$f_s$：杭の周面摩擦力 [kN/m$^2$]，
$D_f$：地面から杭先端までの深さ [m]

テルツァギは式(8-2)で求めた浅い基礎の支持力式を式(8-4)の杭先端地盤の極限支持力 $q_d$ の決定に適用できるとして，円形断面の杭について，極限支持力 $Q_d$ を次式で表した。

$$\boldsymbol{Q_d = (1.3cN_c + \gamma_{t1} D_f N_q + 0.3\gamma_{t2} B N_\gamma) A_p + \pi B f_s D_f} \quad [\mathrm{kN}] \qquad (8\text{-}5)$$ [1]

$c$：杭先端の地盤の粘着力 [kN/m$^2$]，
$\gamma_{t1}$：杭先端より上にある土の単位体積重量 [kN/m$^3$]，
$\gamma_{t2}$：杭先端より下にある土の単位体積重量 [kN/m$^3$]，
$N_c$，$N_q$，$N_\gamma$：杭先端地盤の支持力係数(図8-6)，
$A_p$，$B$，$f_s$，$D_f$：式(8-4)に同じ，
ただし，砂質土の場合 $f_s = 2N$ [kN/m$^2$]，粘性土の場合 $f_s = 5N$ [kN/m$^2$] とする。ここで $N$ は標準貫入試験における $N$ 値である。

この場合は，杭先端のすべり面が，図8-10(a)に示すように，図8-5の浅い基礎と同様の基礎先端面に終わると考えているのに対し，**マイヤーホフ**[2]は，根入れの深い杭について，すべり面が図8-10(b)のように杭側面に向かって閉じるとして，支持力を考えた。

その後，実用も考え，地盤の標準貫入試験の $N$ 値と支持力を関連づけ，$N$ 値から極限支持力 $Q_d$ が推定できるように，次式で表されている。

❶この式は，もともと浅い基礎に適用されるものを拡張した式であり，支持層の内部摩擦角 $\phi$ が大きいとき，$\phi$ の少しの差が支持力係数を大きく変化させるため，支持層が浅い場合や，$N$ 値が30以下の場合に用いるのがよいとされている。
　また，式(8-5)の $\gamma_{t1}$，$\gamma_{t2}$ は，地下水位以下にある場合には水中単位体積量 $\gamma'$ を用いる。

❷Meyerhof

$$Q_d = 400\,\overline{N}A_p + 2\,\overline{N}_s A_s + 5\,\overline{N}_c A_c \quad [\text{kN}] \qquad (8\text{-}6)$$[1]

$\overline{N}$：杭先端地盤の $N$ 値の平均値(杭先端より下 $B$ [m]，上 4 $B$ [m] の間の $N$ 値の平均値をとる)，
$A_p$：杭先端の面積 [m²]，
$\overline{N}_s$，$\overline{N}_c$：杭先端までの砂質土層および粘性土層の $N$ 値の平均値，
$A_s$：砂質土層にある杭の表面積 $\pi B l_s$ [m²]，
$A_c$：粘性土層にある杭の表面積 $\pi B l_c$ [m²]，
$B$：杭の直径 [m]，$l_s$：砂質土層中にある杭の長さ [m]，
$l_c$：粘質土層中にある杭の長さ [m]

❶この式が現在各種の設計指針に用いられている支持力算定式のもとになっている。

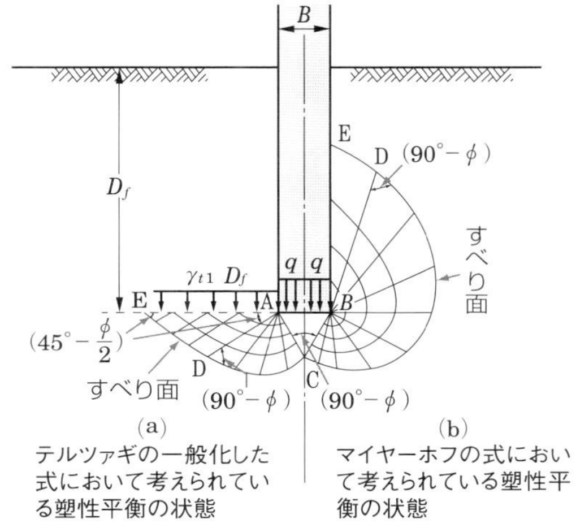


**図 8-10　テルツァギとマイヤーホフの仮定したすべり面の比較**

マイヤーホフが理論的に導いた式は，テルツァギの式と同様に $\phi$ から支持力係数を決めるようになっている。ところが，砂の $\phi$ は一般に $N$ 値から推定されており，この $\phi$ によってさらに支持力係数を推定する手順はより多く誤差を含みやすいため，わが国では $N$ 値から直接支持力を求める方法が多用されている。

式(8-6)の右辺第 3 項は，わが国において粘性土地盤にも適用できるよう実測値に基づいて加えられたもので，400 $\overline{N}$ は，杭先端地盤の極限支持力を表している。また，2 $\overline{N}_s$，5 $\overline{N}_c$ は，それぞれ砂質土層，粘性土層の周面摩擦力を表している。

なお，杭の許容支持力 $Q_a$ は，式(8-5)，式(8-6)で求めた極限支持力を所要の安全率で割って求める。[2]

❷安全率はふつう 3 程度が用いられる。

**例題 2**

図 8-11 に示す地下水位が，地表面にある砂質土地盤に，直径 30 cm の鉄筋コンクリート杭を深さ 10 m まで打ち込んだとき，この杭の極限支持力を，テルツァギの式を用いて求めよ。

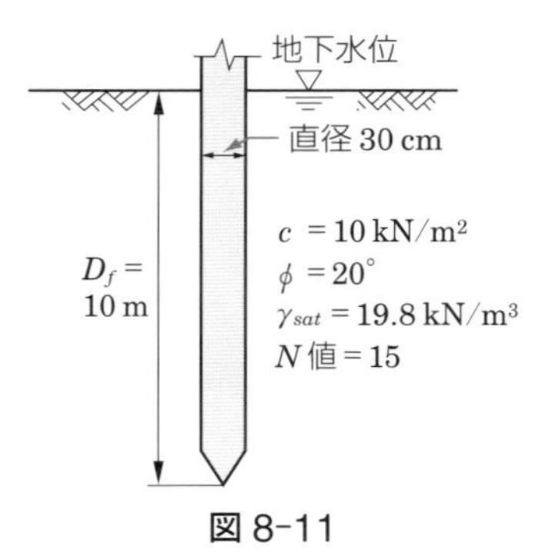


図 8-11

**解答**

$\gamma_{t1}$，$\gamma_{t2}$ は地下水位以下であるから，どちらも $\gamma' = \gamma_{sat} - \gamma_w = 19.8 - 9.8 = 10$ kN/m³ を用いる。

また，$\phi = 20°$ に対する支持力係数は，図 8-6 から，$N_c = 17.7$，$N_q = 7.5$，$N_\gamma = 4.5$ が得られる。さらに，砂質土の周面摩擦力 $f_s$ は $N$ 値 $= 15$ より $f_s = 2 \times 15 = 30$ kN/m² となる。こららの数値と $c = 10$ kN/m²，$B = 0.3$ m，$D_f = 10$ m を，式(8-5)に代入して $Q_d$ を求める。

$$Q_d = (1.3cN_c + \gamma' D_f N_q + 0.3\gamma' B N_\gamma)\ A_p + \pi B f_s D_f$$
$$= (1.3 \times 10 \times 17.7 + 10 \times 10 \times 7.5 + 0.3 \times 10 \times 0.3 \times 4.5) \times (3.14 \times 0.15^2) + 3.14 \times 0.3 \times 30 \times 10$$
$$= 69.5 + 282.6$$
$$= \mathbf{352.1\ kN}$$

## 2 群杭の支持力

基礎に杭が複数本用いられ，その杭の中心間隔が広い場合，杭基礎の支持力は，単杭の支持力にその本数を掛けて求める。ところが，杭の中心間隔がある程度密になると群杭の性質を示し，杭と杭との間の土が一体となる。この場合の群杭は，図 8-12 の斜線で示すように，1 基のケーソン基礎と考えることができ，このときの支持力は，単杭の支持力にその本数を掛けたものより小さくなる。

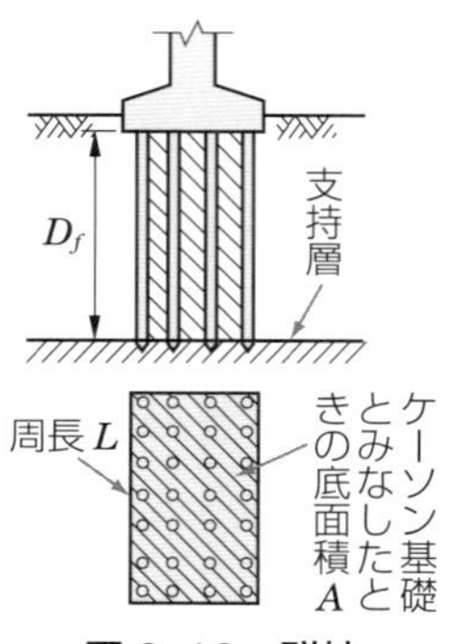


図 8-12　群杭

群杭の性質を示すのは，杭の中心間隔や地盤の性質，杭の配列によって異なるが，一般に，杭の中心間隔が杭径の 5 倍以内といわれている。この場合，外側の杭から中心に行くほど 1 本の杭が受けもつ荷重の分担が小さくなる。そのため，単杭としての支持力に比べ，その効率が低下する。

ただし，実用的には，杭の中心間隔が杭径の 2.5 倍以上であれば，群杭の影響が比較的小さく単杭とみなせるが，それより杭の中心間隔がせまくなれば，杭基礎全体の 1 基のケーソン基礎とみなしている。

このときの群杭の許容支持力 $Q_a$ は，次式で求められる。

$$Q_a = \frac{1}{F_s}(qA - W + sLD_f) \quad [\mathrm{kN}] \qquad (8\text{-}7)$$

$Q_a$：群杭としての許容支持力 [kN]，
$F_s$：安全率❶，
$q$：杭先端地盤の極限支持力 [kN/m²]，
$A$：図 8-12 のケーソン基礎とみなしたときの底面積 [m²]
$W$：ケーソン基礎とみなした部分の土の有効な力❷ [kN]，
$L$：図の斜線部分の周長 [m]，
$s$：フーチング底面から $D_f$ の深さまでの土の平均せん断強さ [kN/m²]，
$D_f$：フーチング底面から支持層までの深さ [m]

❶道路橋示方書では，支持杭の場合 3，摩擦杭の場合 4 としている。

❷浮力を考慮した土の有効な力をいう。これは，図 8-12 のケーソン基礎とみなした斜線部分の体積に単位体積重量 $\gamma_t$ をかけて求められるが，地下水位以下にある土については，浮力を考え，水中単位体積重量 $\gamma'$ を掛けて計算する。

### 杭で支えられている滑走路

羽田空港では，急激な需要増加に対応するため，2007 年 3 月から滑走路の増設工事を着工し，2010 年 9 月に新たな滑走路である D 滑走路が完成した（図 8-13）。

図 8-13　D 滑走路の全景

D 滑走路の一部は，多摩川の河口域にかかっているため，滑走路によって川の流れが妨げられ，環境への影響が懸念されていた。そこで，世界で初めて桟橋と埋め立てを組み合わせた工法が採用された。桟橋部の基礎は，約 1170 本の鋼管杭を海底下約 70 m の支持地盤に打設してある。図 8-14 のように，鋼管杭（直径 1.6 m）を基礎にすることで，川の流れを妨げないようにしている。

図 8-14　桟橋部の下のようす

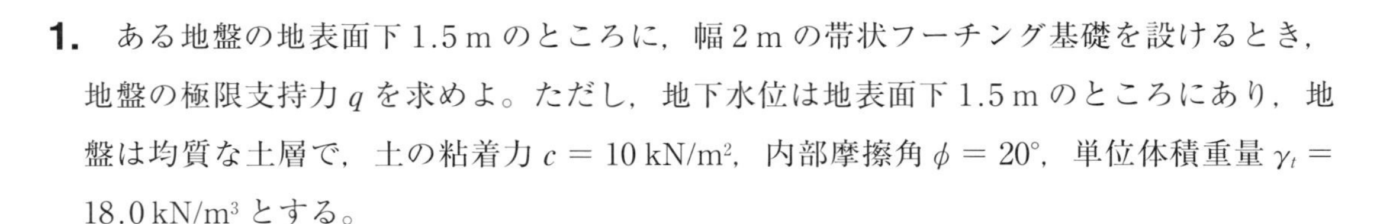

# 第8章　章末問題

**1.** ある地盤の地表面下1.5 mのところに，幅2 mの帯状フーチング基礎を設けるとき，地盤の極限支持力$q$を求めよ。ただし，地下水位は地表面下1.5 mのところにあり，地盤は均質な土層で，土の粘着力$c = 10$ kN/m$^2$，内部摩擦角$\phi = 20°$，単位体積重量$\gamma_t = 18.0$ kN/m$^3$とする。

**2.** 1辺の長さが2 mの正方形フーチング基礎を，地表面下2 mのところに設けるとき，地盤の許容支持力$q_a$を求めよ。

ただし，土の粘着力$c = 45$ kN/m$^2$，内部摩擦角$\phi = 0$，単位体積重量$\gamma_t = 17.0$ kN/m$^3$とする。

**3.** 図8-15に示すように，砂地盤の地表面から2 m掘ったところに，載荷面積$A = 4$ m$^2$をもつ正方形フーチング基礎および円形フーチング基礎をそれぞれ埋設した。それぞれの極限支持力$q$を求めよ。

ただし，砂地盤の粘着力$c = 0$，内部摩擦角$\phi = 32°$，単位体積重量$\gamma_t = 18.0$ kN/m$^3$とする。

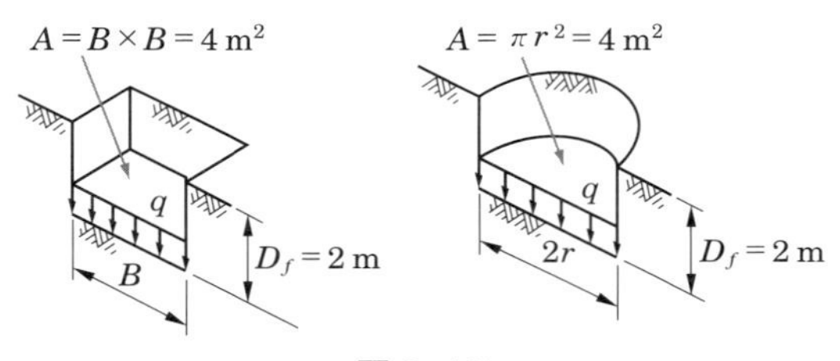


図8-15

**4.** 図8-16のように，直径40 cmの杭を均質な粘性土の地盤に深さ15 mまで打ち込んだとき，この杭の極限支持力$Q_d$を求めよ。ただし，土の粘着力$c = 20$ kN/m$^2$，内部摩擦角$\phi = 10°$，単位体積重量$\gamma_t = 17.0$ kN/m$^3$，$N$値$= 4$とする。

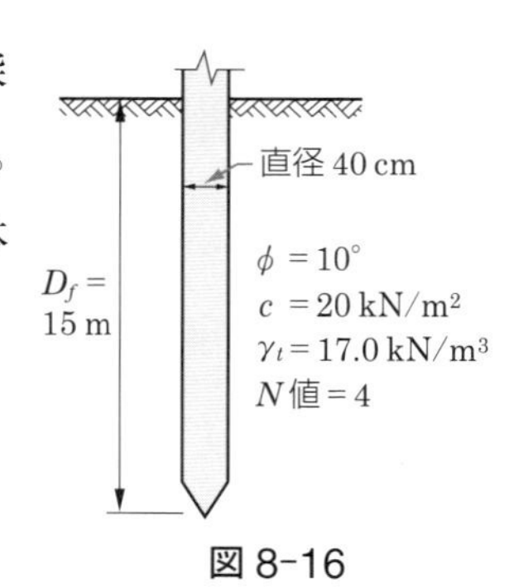


図8-16

# 斜面の安定

斜面の地すべり例

道路や鉄道の建設，宅地造成などにともなう切土や盛土工事によって，多くの人工的な斜面がつくられるが，これらの斜面は，建設中や建設後にも崩壊することのないように，その安定についてはじゅうぶんに検討しておく必要がある。

斜面の安定は，土質力学の知識を広く活用し，とくに，土のせん断抵抗の性質を的確につかんで検討されなければならない。

また，自然斜面の安定を調べることが必要な場合もある。これは，計算による安定の検討が困難な場合が多く，地質学的な面からの検討もなされなければならない。

- ●斜面の破壊にはどのような種類があるのだろうか。
- ●斜面が安定かどうか判断するための考え方や計算方法はどのように行っているのだろうか。
- ●自然斜面の破壊である地すべりや崖崩れ，土石流などはどのようなものなのだろうか。

# 1. 斜面の破壊

## 1 斜面の破壊とすべり面の形状

斜面の破壊は，土の力学的な釣合いが失われた場合に生じる。その原因としては，新たな盛土や切土などによって生じる場合，地震力を受けて生じる場合，地下水や降雨などによる斜面内の浸透水流が原因で生じる場合などがあげられる。

斜面の高い部分は重力によって低い部分へ移動しようとし，斜面内部にせん断応力が生じる。このせん断応力が，その土のせん断強さよりも大きくなると，ある面に沿ったすべり破壊が起こる。このすべり面の形は，地盤や斜面の形状などによって異なるが，斜面が長く，均質な土で構成された自然斜面で表層が風化し，その下に斜面と平行にかたい地層が残っている場合は，図 9-1(a)のようなすべりが起こる。このすべりは土塊の厚さに比べてすべり面の長さが長く，すべり面が斜面に平行で，一つの直線に沿ってすべる**平面すべり**❶となることが多い。また，盛土などによる人工的な斜面では，図(b)のように一つの円弧に沿ってすべる**円弧すべり**❷となることが多い。このため，盛土などのように均質な土でできている単純な斜面では，円弧すべり面を仮定して安定計算が行われる。また切土などによる斜面や自然斜面では，円弧と直線を組み合わせたような形状となることが多い。

円弧すべり面は，斜面の傾斜の程度や地盤の条件によって，生じる位置が異なる。円弧すべりは，すべり面の生じる位置によって，図 9-2 に示す斜面先破壊・底部破壊・斜面内破壊に分けられる。

傾斜が比較的急な斜面で，かたい粘性土の場合は図(a)のように，すべり面の下端が斜面先を通る**斜面先破壊**❸となりやすく，斜面の傾

❶planar slip

❷circular slip

❸toe failure

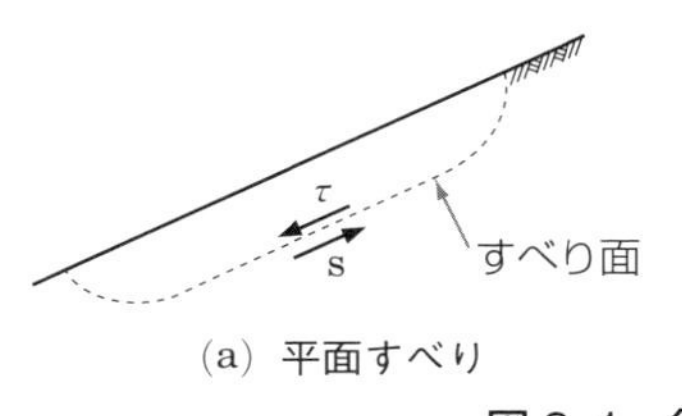

(a) 平面すべり

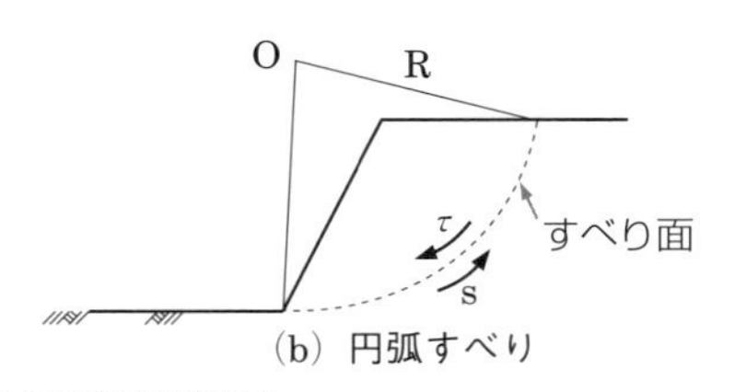

(b) 円弧すべり

図 9-1　斜面の破壊の形状

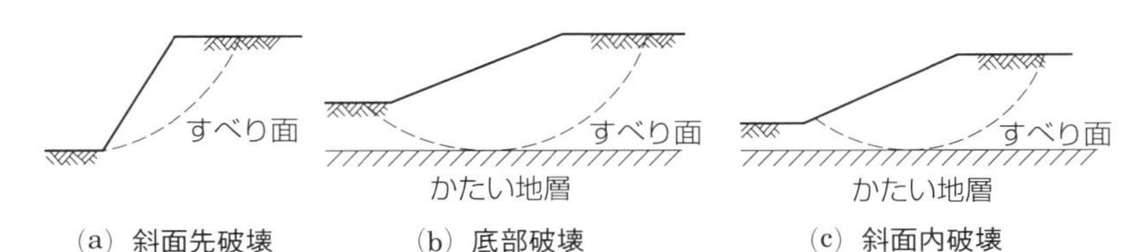


図 9-2　円弧すべりの種類

斜が比較的緩やかな軟弱な粘性土で，かたい地層が深い場合には図9-2(b)のように，すべり面の先端が斜面先から離れた地表面に現れる**底部破壊**❶となる。また軟弱な粘性土でかたい地層が比較的浅い場合は図(c)のように，すべり面の先端が斜面の中途を切る**斜面内破壊**❷となる。

❶base failure

❷slope failure

## 2　安定計算と安全率

斜面の安定計算は，いくつかのすべり面を仮定し，それぞれの場合のすべりに対する安全性の程度を調べ，すべり破壊するかどうかを判定するものである。

平面すべりの場合，仮定したすべり面には図 9-1(a)のように，その面に沿ってすべりを起こそうとするせん断応力 $\tau$ とそれに抵抗するせん断強さ $s$ が働いている。すべり面に沿ったせん断応力の和 $\Sigma\tau$ とせん断強さの和 $\Sigma s$ が $\Sigma\tau < \Sigma s$ の関係にあれば，そのすべり面に沿ってすべりは生じない。ここで，仮定したすべり面がすべりに対してもつ安全性の程度は，$\Sigma s$ と $\Sigma\tau$ の比で表され，これを**安全率**❸ $F_s$ といい次式で表される。

❸safety factor

$$F_s = \frac{\Sigma s}{\Sigma \tau} \qquad (9\text{-}1)$$

円弧すべりの場合，安全率は図 9-1(b)のように仮定したすべり円弧の中心 O に対してすべりを起こそうとする力のモーメントの和 $R\Sigma\tau$ と，それに抵抗する力のモーメントの和 $R\Sigma s$ から次式のように求められる。

$$F_s = \frac{R\Sigma s}{R\Sigma \tau} \qquad (9\text{-}2)$$

以上のように斜面の安定性は安全率によって判断される。たとえば，設計に必要な安全率の最小値は，道路や鉄道の盛土では 1.2 以上と定められている❹。

❹大規模なアースダムやロックフィルダムの設計に必要な安全率は，1.2～1.3 以上にとることが多い。また，地すべり対策に必要な安全率は，被害の大きさや経済性などを考慮して 1.05～1.2 の範囲がとられている。

# 2 すべりの安定計算

## 1 平面の場合

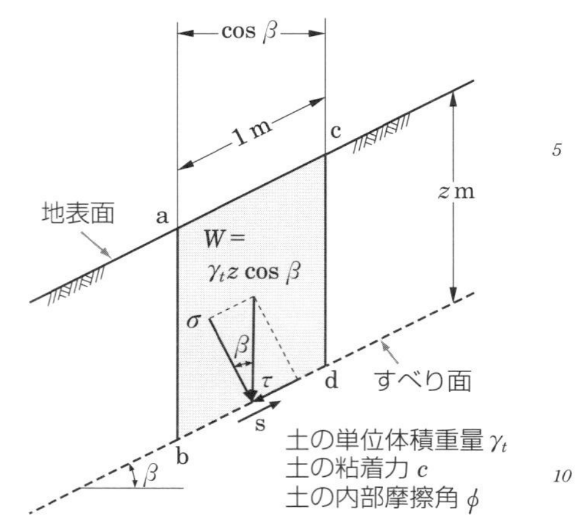

図 9-3　平面すべりの安定計算

図 9-3 に示すような傾斜角 $\beta$ の斜面において，平面すべり面の深さが $z$ の場合について考えてみる。

図のように斜面上で単位長さ(1 m)離れた二つの鉛直線 ab，cd で囲まれた奥行単位長さ(1 m)の土塊の底面 bd に働く力は $W = \gamma_t z \cos\beta$ となるので，すべり面 bd に作用する垂直応力 $\sigma$ とせん断応力 $\tau$ は次式のようになる。

$$\sigma = \boldsymbol{W}\cos\beta = \gamma_t \boldsymbol{z}\cos^2\beta \quad [\mathrm{kN/m^2}] \quad (9\text{-}3)$$

$$\tau = \boldsymbol{W}\sin\beta = \gamma_t \boldsymbol{z}\cos\beta\sin\beta \quad [\mathrm{kN/m^2}] \quad (9\text{-}4)$$

また，せん断強さ $s$ は斜面土の粘着力と内部摩擦角をそれぞれ $c$，$\phi$ とすると，クーロンの式から次式のようになる。

$$\boldsymbol{s} = \boldsymbol{c} + \sigma\tan\phi = \boldsymbol{c} + \gamma_t \boldsymbol{z}\cos^2\beta\tan\phi \quad [\mathrm{kN/m^2}] \quad (9\text{-}5)$$

このとき安全率は次のように求められる。

$$F_s = \frac{s}{\tau} = \frac{c + \gamma_t z\cos^2\beta\tan\phi}{\gamma_t z\cos\beta\sin\beta}$$
$$= \frac{c}{\gamma_t z\cos\beta\sin\beta} + \frac{\cos\beta\tan\phi}{\sin\beta}$$

$$\boldsymbol{F_s} = \frac{2\boldsymbol{c}}{\gamma_t \boldsymbol{z}\sin 2\beta} + \frac{\tan\phi}{\tan\beta} \quad (9\text{-}6)$$

ここで $F_s \geqq 1$ として深さ $z$ を導くと次式のようになる。

$$\boldsymbol{z} \leqq \frac{\boldsymbol{c}}{\gamma_t}\cdot\frac{\sec^2\beta}{\tan\beta - \tan\phi} \quad (9\text{-}7)$$

この式より深さ $z$ がある値以下であれば安定していることがわかる。また，式(9-6)において粘着力 $c = 0$ のときに安全率 $F_s$ は次式のようになる。

$$F_s = \frac{\tan\phi}{\tan\beta} \tag{9-8}$$

このとき，$F_s \geqq 1$ とすると，$\phi \geqq \beta$ となる。よって斜面の傾斜角 $\beta$ が土の内部摩擦角 $\phi$ より小さいと，その斜面は深さ $z$ に関係なく安定である。

**例題 1** 図 9-4 に示すような傾斜角 $\beta = 25°$ の斜面がある。この斜面の土の粘着力は $c = 10\,\mathrm{kN/m^2}$，内部摩擦角は $\phi = 20°$ であり，単位体積重量は $\gamma_t = 17.7\,\mathrm{kN/m^3}$ である。
深さ $z = 4\,\mathrm{m}$ の位置に平面すべり面があると仮定して，その安全率 $F_s$ を求めよ。

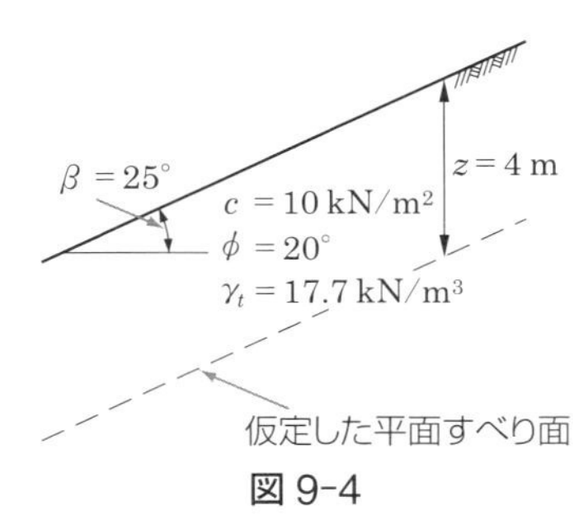

図 9-4

**解答** 安全率 $F_s$ は式(9-6)より次のように求められる。

$$F_s = \frac{2c}{\gamma_t z \sin 2\beta} + \frac{\tan\phi}{\tan\beta} = \frac{2 \times 10}{17.7 \times 4 \times \sin(2 \times 25°)} + \frac{\tan 20°}{\tan 25°}$$

$$= 1.15$$

## 2 円弧の場合

円弧すべりの安定計算では，中心と半径の異なるいくつかのすべり円弧を仮定し，それぞれの円弧について安全率を求め，安全率が最小のすべり円弧をさがしだす。このすべり円弧を**臨界円**❶といい，この最小の安全率の値をその傾斜のもつ安全率とし，これによって斜面の安定が判断される。この安全率を計算する方法は，すべり土塊をいくつかの帯状の細片に分割して計算を進める分割法や，図表を利用して求める方法などがある。

❶critical circle

### 1 分割法

斜面土が均質な土である場合にかぎらず，斜面土がいくつかの層をなしていたり，強さが不均一であったりする場合の斜面の安定計算には，**分割法**❷が用いられる。

❷slice method

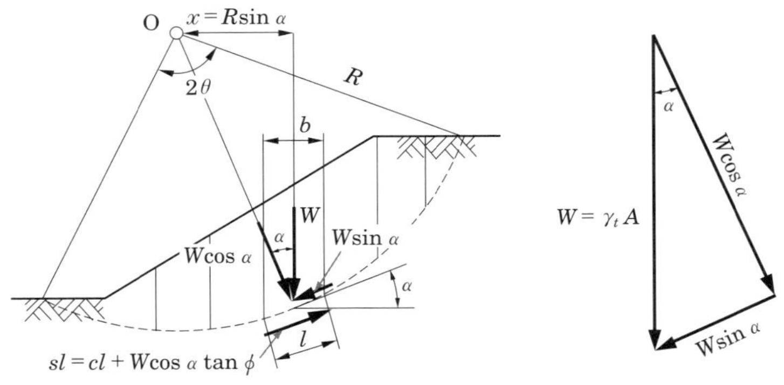


図 9-5　分割法による斜面の安定計算

いま，仮定したすべり面上の土塊を，図 9-5 に示すように，いくつかの鉛直な同じ幅の帯状の土塊に分割し，奥行に単位長さ(1 m)をとると，一つの分割部分の土塊の荷重は，$W(=\gamma_t A)$となる。

このとき，すべりを起こそうとする力は，$W$のすべり面方向の分力 $W\sin\alpha$ であるから，せん断応力 $\tau$ は，$\tau=\dfrac{W\sin\alpha}{l}$ である。

また，$W$のすべり面に対する垂直方向の分力が $W\cos\alpha$ であるから，すべり面に作用する垂直応力 $\sigma$ は，$\sigma=\dfrac{W\cos\alpha}{l}$ となる。したがって，この部分のせん断強さ $s$ は，次式のようになる。

$$\boldsymbol{s}=\boldsymbol{c}+\sigma\tan\phi=\boldsymbol{c}+\frac{\boldsymbol{W}\cos\alpha}{\boldsymbol{l}}\tan\phi\quad[\mathrm{kN/m^2}]\quad(9\text{-}9)$$

また，すべり面全体にわたって，これら各分割部分のせん断応力とせん断強さを加え合わせたものは，それぞれ $\Sigma\tau l$(すべりを起こそうとする力)，$\Sigma sl$(すべりに抵抗する力)となる。[1]

したがって，仮定したすべり面のもつ安全率 $F_s$ は，次式で与えられる。

$$\boldsymbol{F}_s=\frac{\Sigma\boldsymbol{sl}}{\Sigma\tau\boldsymbol{l}}=\frac{\Sigma(\boldsymbol{cl}+\boldsymbol{W}\cos\alpha\tan\phi)}{\Sigma\boldsymbol{W}\sin\alpha}\quad(9\text{-}10)$$

[1] 斜面土が粘着力のある土のとき，すべり面の上端付近で鉛直な引張りき裂の発生がみられることがある。この割れ目の深さは，$\phi=0$ のとき $2c/\gamma_t$ にも達することがあるといわれる。この場合，すべり円弧の長さの取り扱いには，その部分を考慮に入れることが必要である。

**例題 2**　図 9-6 に示すような高さ 8 m で傾斜角 45° の斜面がある。この斜面土の粘着力は $c=20\ \mathrm{kN/m^2}$，内部摩擦角は $\phi=15°$ であり，単位体積重量は $\gamma_t=18\ \mathrm{kN/m^3}$ である。図中に仮定した円弧すべり面について，その安全率 $F_s$ を分割法によって求めよ。

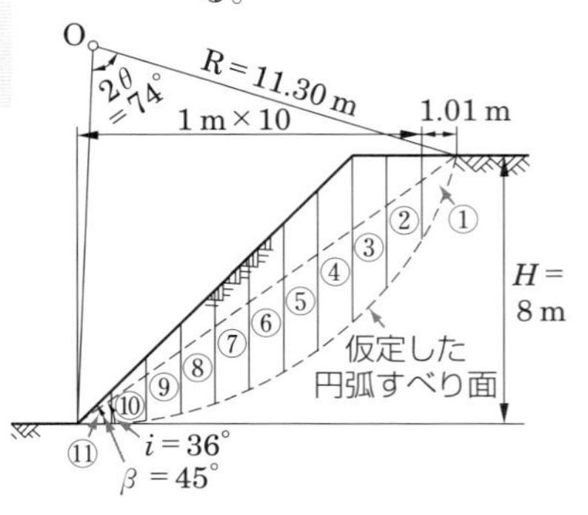


図 9-6

いま，図 9-6 に示したように，すべり土塊を 11 個に分割して計算する。この計算は表 9-1 に示すような形で進める。

安全率 $F_s$ は，式(9-10)から求められるが，この場合，斜面土は均質で，$c$，$\phi$ は一定であるから，すべりに抵抗する力は，次式で求められる。

$$\Sigma(cl + W\cos\alpha\tan\phi) = c\Sigma l + \tan\phi\Sigma W\cos\alpha$$

円弧の中心角は $2\theta = 74° = 1.292$ rad であるから，

$$c\Sigma l = c \times R \times 2\theta = 20 \times 11.30 \times 1.292 = 292.0\ \text{kN}$$

また，$\Sigma W\sin\alpha = 311.8$ kN，$\Sigma W\cos\alpha = 481.8$ kN であるから，安全率 $F_s$ は式(9-10)から，次のように求められる。

$$F_s = \frac{\Sigma(cl + W\cos\alpha\tan\phi)}{\Sigma W\sin\alpha} = \frac{c\Sigma l + \tan\phi\Sigma W\cos\alpha}{\Sigma W\sin\alpha}$$

$$= \frac{292.0 + 0.268 \times 481.8}{311.8} = 1.35$$

**表 9-1　分割法による計算**

| 細片 | $A$ [m²] | $x$ [m] | $W$ [kN] | $\sin\alpha$ $\left(=\frac{x}{R}\right)$ | $\cos\alpha$ | $W\sin\alpha$ [kN] | $W\cos\alpha$ [kN] |
|---|---|---|---|---|---|---|---|
| ① | $2.35 \times 1.01 \times \frac{1}{2} = 1.19$ | 10.13 | 21.4 | 0.896 | 0.444 | 19.2 | 9.5 |
| ② | $(2.35 + 3.80) \times \frac{1}{2} \times 1 = 3.08$ | 9.25 | 55.4 | 0.819 | 0.574 | 45.4 | 31.8 |
| ③ | $(3.80 + 4.90) \times \frac{1}{2} \times 1 = 4.35$ | 8.27 | 78.3 | 0.732 | 0.681 | 57.3 | 53.3 |
| ④ | $(4.90 + 4.75) \times \frac{1}{2} \times 1 = 4.83$ | 7.29 | 86.9 | 0.645 | 0.764 | 56.1 | 66.4 |
| ⑤ | $(4.75 + 4.40) \times \frac{1}{2} \times 1 = 4.58$ | 6.30 | 82.4 | 0.558 | 0.830 | 46.0 | 68.4 |
| ⑥ | $(4.40 + 3.95) \times \frac{1}{2} \times 1 = 4.18$ | 5.30 | 75.2 | 0.469 | 0.883 | 35.3 | 66.4 |
| ⑦ | $(3.95 + 3.35) \times \frac{1}{2} \times 1 = 3.65$ | 4.30 | 65.7 | 0.381 | 0.925 | 25.0 | 60.8 |
| ⑧ | $(3.35 + 2.65) \times \frac{1}{2} \times 1 = 3.00$ | 3.31 | 54.0 | 0.293 | 0.956 | 15.8 | 51.6 |
| ⑨ | $(2.65 + 1.85) \times \frac{1}{2} \times 1 = 2.25$ | 2.32 | 40.5 | 0.205 | 0.979 | 8.3 | 39.6 |
| ⑩ | $(1.85 + 0.97) \times \frac{1}{2} \times 1 = 1.41$ | 1.34 | 25.4 | 0.119 | 0.993 | 3.0 | 25.2 |
| ⑪ | $0.97 \times 1 \times \frac{1}{2} = 0.49$ | 0.46 | 8.8 | 0.041 | 0.999 | 0.4 | 8.8 |

$W\sin\alpha = 311.8$ kN　$\Sigma W\cos\alpha = 481.8$ kN

## 2 図表を利用する方法

**(a)安全率の計算**　均質な土からできている図 9-2 に示す形状の斜面の安定計算において，斜面の安全率や**限界高さ**❶を求めるのに，テイラー❷のつくった図(図 9-7，図 9-9 参照)が広く利用されている。

❶critical height

❷Taylor

ここで，限界高さとは，斜面が破壊しないで自立できる限界の高さで，$H_c$ で表している。また，このときの斜面の安定性を判断するために，**安定係数**❸ $N_s$ が用いられる。この $N_s$ は，限界高さ $H_c$，斜面土の粘着力 $c$，単位体積重量 $\gamma_t$ を用いて，次式で与えられる。

❸stability factor

$$\boldsymbol{N_s = \frac{\gamma_t H_c}{c}} \qquad (9\text{-}11)$$

図 9-7 は，斜面の土の内部摩擦角が $\phi = 0$ の場合の安定係数 $N_s$，斜面傾斜角 $\beta$ および**深さ係数**❹ $n_d$ の関係を示したものである。

❹depth factor

$n_d$ は，図 9-8 のように斜面の高さを $H$，斜面肩の地表面からかたい地層までの深さを $H_1$ とすると，次式で与えられる。

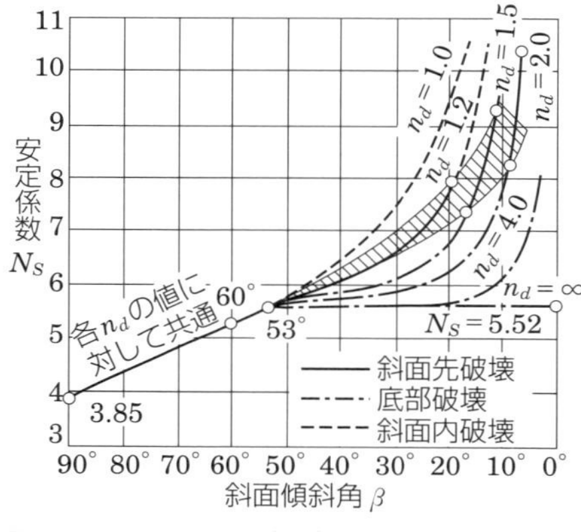


**図 9-7　$\phi = 0$ の場合の $N_s$ と $\beta$ および $n_d$ の関係**

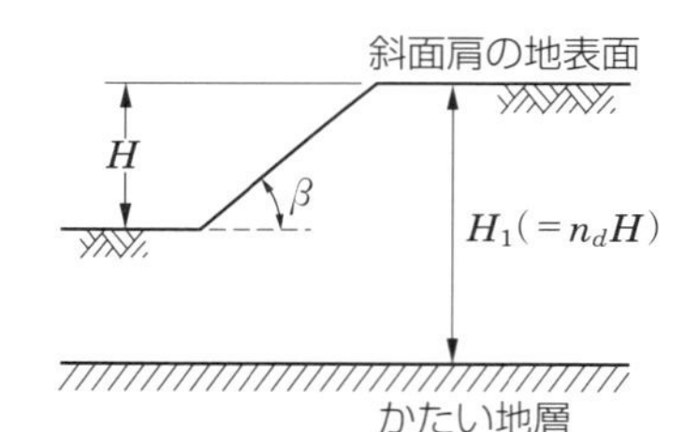


**図 9-8　斜面の形状と $n_d$**

$$\boldsymbol{n_d = \frac{H_1}{H}} \qquad (9\text{-}12)$$

斜面の破壊の種類は，図 9-2 に示した三つの斜面破壊のうち，どれであるかを図 9-7 から知ることができる。破壊の種類は，斜面傾斜角 $\beta$ が 53° 以上ではつねに斜面先破壊となり，53° より小さくなると，この $\beta$ と深さ係数 $n_d$ の値によって定められている。

斜面の安全率 $F_s$ は，安全に最小限必要な粘着力 $c_m$ と実際の地盤の粘着力 $c$ との比で表され，次式のようになる。

$$\boldsymbol{F_s = \frac{c}{c_m}} \qquad (9\text{-}13)$$

ここで $c_m$ は，図 9-7 で $\beta$ と $n_d$ の関係から，安定係数 $N_s$ を読み取ることによって，次式で計算される。

$$\boldsymbol{c_m = \frac{\gamma_t H}{N_s}} \quad [\text{kN/m}^2] \qquad (9\text{-}14)$$

このとき，限界高さ $H_c$ は，次式で計算される。

$$\boldsymbol{H_c = N_s \frac{c}{\gamma_t}} \qquad (9\text{-}15)$$

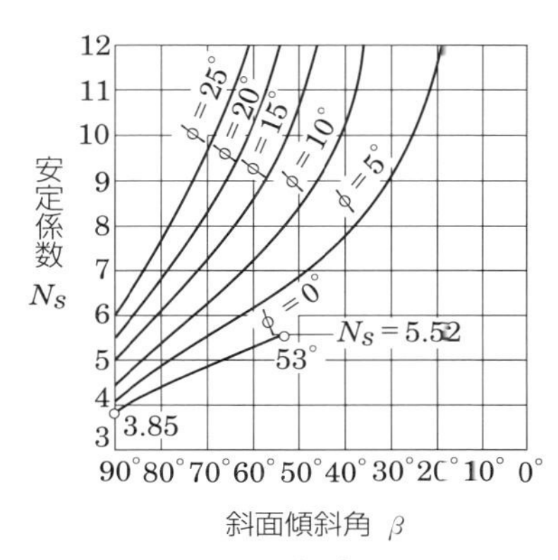


**図 9-9　$\phi \geqq 0$ の場合の $N_s$ と $\beta$ および $\phi$ の関係**

斜面の土が内部摩擦角 $\phi$ をもつ場合，安定係数 $N_s$ と斜面傾斜角 $\beta$ および $\phi$ の関係は，図 9-9 のように示される。このときの斜面破壊の種類は，$\beta$ に関係なく斜面先破壊となる。

**例題 3**　図 9-10 に示すような地盤を，斜面傾斜角 30° で深さ 4 m まで掘削したい。この斜面が破壊するとしたときどのような種類の破壊が起こるか。また，この斜面のもつ安全率 $F_s$ を求めよ。

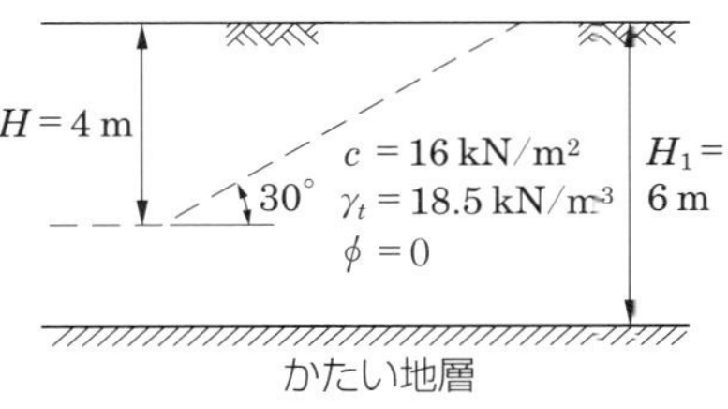


**図 9-10**

**解答**　深さ係数は $n_d = \dfrac{H_1}{H} = \dfrac{6}{4} = 1.5$ であり，この $n_d$ と $\beta = 30°$ から，図 9-7 によると，破壊は**底部破壊**であることがわかる。また，同じ図から安定係数は $N_s = 6.1$ であるので，$c_m$ は式(9-14)から，

$$c_m = \frac{\gamma_t H}{N_s} = \frac{18.5 \times 4}{6.1} = 12.1 \text{ kN/m}^2$$

したがって，この斜面の安全率は，次のように求められる。

$$F_s = \frac{c}{c_m} = \frac{16}{12.1} = \mathbf{1.32}$$

**(b)臨界円の求め方**　斜面先破壊または底部破壊の場合には，図 9-11，図 9-12 を利用して，臨界円を求めることができる。

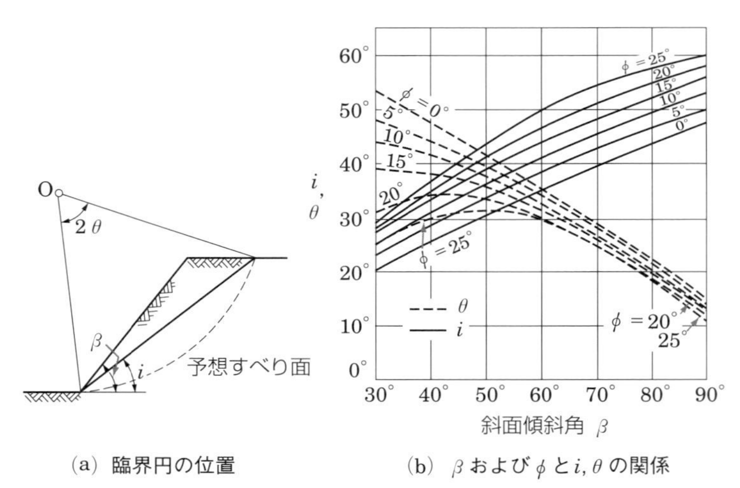


(a) 臨界円の位置　　(b) $\beta$ および $\phi$ と $i, \theta$ の関係

**図 9-11　斜面先破壊の場合の臨界円の求め方**

斜面先破壊の場合は，図 9-11(b)を利用して，斜面傾斜角 $\beta$ と内部摩擦角 $\phi$ の関係から，$i$，$\theta$ を読み取り，図(a)のようにして臨界円が求められる。

底部破壊の場合は，図 9-12(b)において，斜面傾斜角 $\beta$ と深さ係数 $n_d$ の値から $n_x$ を読み取り，これによって斜面先からすべり面の先端までの水平距離 $n_xH$ が求められる。臨界円の中心は斜面の中点を通る鉛直線上にあることから，図(a)のようにして臨界円が求められる。

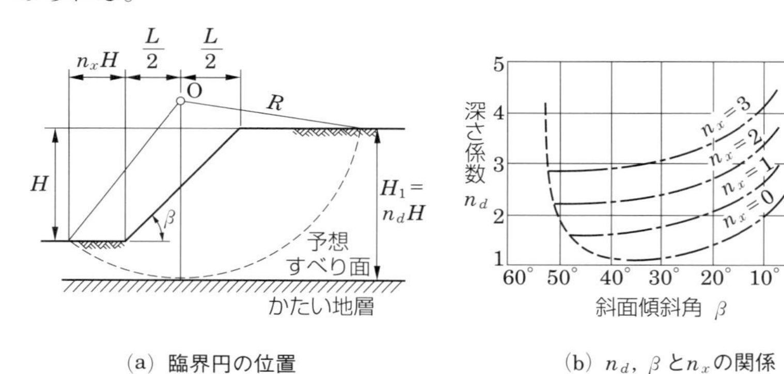


(a) 臨界円の位置　　(b) $n_d$，$\beta$ と $n_x$ の関係

**図 9-12　底部破壊の場合の臨界円の求め方**

# 3 自然斜面の破壊

人工的な斜面と違って，山地や丘陵などの自然斜面の一部が，重力の作用によって，低いところに向かって移動したり，崩壊したりする現象に，**地すべり**❶，**崖崩れ**❷，**土石流**❸などがある。

これらの斜面の破壊の原因は，素因と誘因に分けて考えられる。一般に，地形や地質に基づく素因があって，それに雨や融雪などの気象的なもの，地震や火山活動などによる振動，斜面の一部を掘削したりする人為的なものなどの誘因が加わって，斜面の破壊が生じると考えられる。

❶landslide
❷landslide
❸debris flow

### 地すべりの安定計算と対策工

地すべりに対する安定計算は，図 9-13 のように地すべりが生じると考えられるブロックの中心線上で，予想されるすべり面に最も近い円弧をあてはめて，147 ページで学んだ分割法を用いて行われる。このとき，単一の円弧で仮定できないときは，円弧と直線からなる複合すべり面を仮定して分割法を利用して求める。また，すべり面が平面と考えられるときは，斜面が無限に続くとした計算法が用いられる。

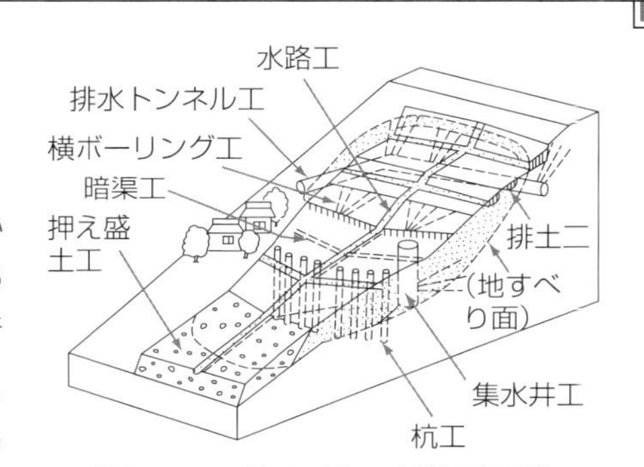

図 9-13　地すべりの対策工の例

地すべりの対策工は，抑制工と抑止工に大別されている。抑制工は，地形や地下水状態などの自然条件を変化させて，地すべり活動を停止または緩和させる工法である。抑止工は，構造物を設けることで，その抵抗を利用して地すべり活動を停止させようとする工法である。これらの工法を表 9-2 に示す。

なお，図 9-13 は，地すべりの対策工の例である。

表 9-2　地すべりの対策工

| 種類 | 工　法 |
| --- | --- |
| 抑制工 | 地表水排除工(水路工，浸透防水工)<br>地下水排除工(暗渠工，横ボーリング工，集水井工，排水トンネル工)<br>地下水遮断工(薬液注入工，地下遮水壁工)<br>排土工　押え盛土工 |
| 抑止工 | 杭工(杭工，深礎工)　アンカー工 |

ここで，地すべりは，ある程度事前の調査方法も確立しており，予想される被害の対応策をとることができる。崖崩れや土石流については，その性質が複雑なことから解析がむずかしいため，発生が予想される場合にその対応策がとられている。

表 9-3 は，地すべり，崖崩れ，土石流について，それぞれ特徴的な性質を示したものである。また，図 9-14 に発生例を示している。

5

**表 9-3　地すべり，崖崩れ，土石流の対比**

| | 地すべり | 崖崩れ | 土石流 |
|---|---|---|---|
| 地　質 | 特定の地質または地質構造物のところに多く発生する。 | 地質との関連は少ない。 | 深層風化した酸性深成岩，火山噴出岩や特定の地質構造のところで発生する。 |
| 土　質 | 主として粘性土をすべり面として滑動する。 | 砂質土(まさ土，しらすなど)で多く起こる。 | まさ土，しらす，風化が進んだ岩，表土で多く発生する。 |
| 地　形 | 5〜20° の緩傾斜面に発生し，とくに上部に台地状の地形をもつ場合が多い。 | 20° 以上の急な傾斜地に多く発生する。 | 30° 程度の急傾斜地，20° 以上の渓床勾配をもつ渓流で発生する。 |
| 活動状況 | 継続性，再発性がある。 | 突発的である。 | 再発性がある。 |
| 移動速度 | 0.01〜10 mm/d のものが多く，一般に速度は小さい。 | 10 mm/d 以上で，速度はきわめて大きい。 | 1〜40 m/s と速度はきわめて大きい。 |
| 土　塊 | 土塊の乱れは少なく，原形を保ちつつ動く場合が多い。 | 土塊はかく乱される。 | 流動化し，先端部に巨石などが集まる。段波をなす。 |
| 誘　因 | 地下水による影響が大きい。強い地震も誘因となる。 | 降雨，とくに降雨強度に影響される。強い地震も誘因となる。 | 降雨，とくに降雨強度に影響される。 |
| 規　模 | 1〜100 ha で規模が大きい。 | 規模が小さい。 | 規模は大，小ある。 |
| 徴　候 | 発生前にき裂の発生，陥没，隆起，地下水の変動などが生じる。 | 徴候の発生が少ない。突発的に滑落する。 | 徴候の発生は少なく，突発的に起こる。 |

(a) 地すべり(荒砥沢ダム(宮城県))

(b) 崖崩れ(妙見町(新潟県))

(c)土石流(福智町(福岡県))

図 9-14　地すべり・崖崩れ・土石流の発生例

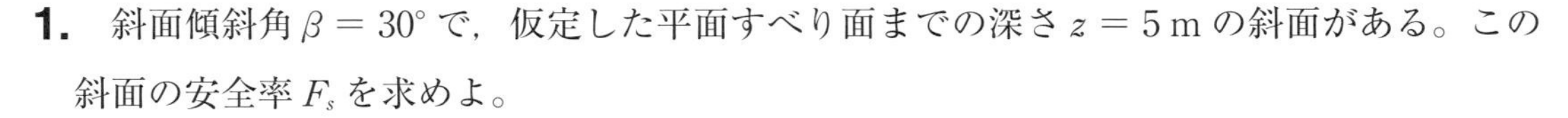

# 第9章　章末問題

**1.** 斜面傾斜角 $\beta = 30°$ で，仮定した平面すべり面までの深さ $z = 5$ m の斜面がある。この斜面の安全率 $F_s$ を求めよ。

ただし，土の粘着力 $c = 12$ kN/m²，内部摩擦角 $\phi = 20°$，単位体積重量 $\gamma_t = 18$ kN/m³ である。

**2.** 斜面傾斜角 $\beta = 30°$ をもつ均質な粘土（$\phi = 0$）の斜面が粘着力 $c = 20$ kN/m²，単位体積重量 $\gamma_t = 18$ kN/m³ であるとき，深さ係数 $n_d$ が，1.0，1.2，1.5，2.0 の場合の円弧すべりの種類と限界高さ $H_c$ を求めよ。

**3.** 例題 3 において，斜面傾斜角 $\beta = 45°$ で，高さ $H = 4$ m まで掘削したときに，破壊するとしたときの円弧すべりの種類と安全率 $F_s$ を求めよ。

**4.** 粘着力 $c = 20$ kN/m²，内部摩擦角 $\phi = 5°$，単位体積重量 $\gamma_t = 17$ kN/m³ をもつ地盤を，斜面傾斜角 $\beta = 40°$ で掘削したい。地盤は深いところまで均質であるとするとき，この斜面の限界高さ $H_c$ はいくらか。また，安全率 $F_s$ を 1.5 としたときの許容高さを求めよ。

**5.** 粘着力 $c = 15$ kN/m²，内部摩擦角 $\phi = 0$，単位体積重量 $\gamma_t = 16$ kN/m³ の粘土地盤を鉛直に切り取れる限界高さ $H_c$ を求めよ。

**6.** 粘着力 $c = 24$ kN/m²，内部摩擦角 $\phi = 0$，単位体積重量 $\gamma_t = 16$ kN/m³ の粘土層がある。この粘土層を斜面傾斜角 $\beta = 60°$ で掘削したい。最大掘削深さ $H_c$ を求めよ。この場合，安全率 $F_s = 1.5$ として深さ 6 m まで掘削するには，斜面傾斜角 $\beta$ をいくらにすればよいか。

ただし，かたい地層は深さ 9 m のところにある。

**7.** 粘着力 $c = 36$ kN/m²，内部摩擦角 $\phi = 0$，単位体積重量 $\gamma_t = 16$ kN/m³ の均質な粘土層を，図 9-15 のように掘削したい。この場合の臨界円の位置を求めよ。また，この臨界円のもつ安全率 $F_s$ を分割法を用いて求めよ。

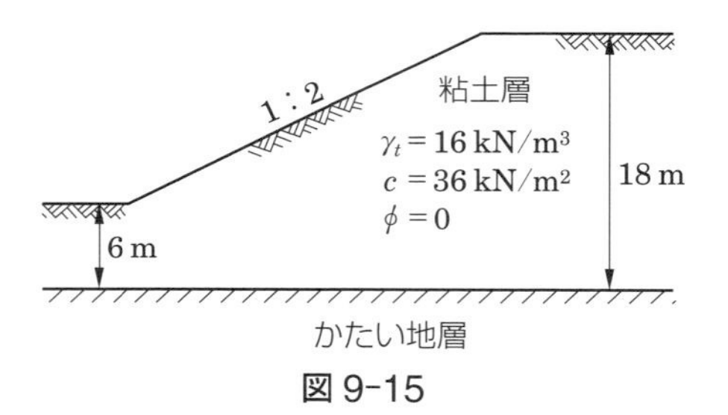

図 9-15

**8.** 粘着力 $c = 24$ kN/m²，内部摩擦角 $\phi = 20°$，単位体積重量 $\gamma_t = 19$ kN/m³ の土層に，高さ $H = 10$ m，斜面傾斜角 $\beta = 60°$ の斜面を設計した。図 9-11 を用いて臨界円を求め，その臨界円について安全率 $F_s$ を分割法を用いて求めよ。

# 問題解答

## 第1章　土の生成と地盤調査　p.7

◆章末問題（p. 18）

3. （上から順に）定積土，残積土，まさ土，植積土，泥炭，運積土，海成堆積土，火山性堆積土，関東ローム　7. （上から順に）63.5，76，30，締まっている，ゆるい

## 第2章　土の基本的性質　p.19

■問 1.　（p .28）　$w = 27.1\%$，$\rho_t = 1.790$ g/cm$^3$，$\rho_d = 1.409$ g/cm$^3$，$e = 0.881$，$n = 46.8\%$，$S_r = 81.5\%$，飽和度 85% の場合の $w = 28.3\%$，$\rho_t = 1.808$ g/cm$^3$

◆章末問題（p. 43）

1. $w = 49.6\%$，$\rho_t = 1.730$ g/cm$^3$，$\rho_d = 1.157$ g/cm$^3$，$e = 1.34$，$n = 57.3\%$，$\rho_s = 2.711$ g/cm$^3$
2. $\rho_t = 1.760$ t/m$^3$，$\rho_d = 1.600$ t/m$^3$，$e = 0.675$，$S_r = 39.7\%$，$\gamma_{sat} = 19.6$ kN/m$^3$，$\gamma' = 9.8$ kN/m$^3$
3. (1)$w = 13.1\%$，$\rho_t = 1.800$ g/cm$^3$，$\rho_d = 1.592$ g/cm$^3$，(2)$e = 0.690$，$e_1 = 0.582$，(3)$V_1 = 149776$ m$^3$，(4)$S_{r1} = 60.5\%$
4. $D_{10} = 0.030$ mm，$U_c = 26.7$，$U_c' = 0.8$，細粒分まじり砂 {SF}　5. $w_L = 83.8\%$，$w_p = 29.6\%$，$I_p = 54.2$，（CH）　6. ②：(SFG)，④：(MH)
7. $\rho_{d\,\max} = 1.550$ g/cm$^3$，$w_{opt} = 23.0\%$

## 第3章　土中の水の流れと毛管現象　p. 45

◆章末問題（p. 58）

1. $i = 0.4$，$v = 0.0112$ cm/s，$q = 3225.6$ cm$^3$/h
2. $4.41 \times 10^{-4}$ m/s　3. $3.61 \times 10^{-7}$ m/s
4. (1)$7.69 \times 10^{-5}$ m/s，(2)$4.49 \times 10^{-5}$ m/s
5. 0.691 m$^3$/d　6. (a)146 m$^3$/d，(b)80.8 m$^3$/d
7. 21.2〜106.1 cm

## 第4章　地中の応力　p. 59

◆章末問題（p. 73）

1. (a)80.1 kN/m$^2$，(b)93.1 kN/m$^2$，(c)65.3 kN/m$^2$　2. 28.8 kN/m$^2$ 増加する。3. 119 kN/m$^2$　4. 6.54 kN/m$^2$　5. 7.11 kN/m$^2$　6. 10.3 kN/m$^2$　7. 点 A：93.8 kN/m$^2$，点 B：39.0 kN/m$^2$，点 C：16.0 kN/m$^2$　8. 21.5 kN/m$^2$
9. （1）$\sigma_z' = 0.552$ kN/m$^2$，（2）1.06，（3）$q = 2.82$ kN/m$^2$ より大きい荷重が必要である。　10. $F_s = 1.80$ となり安全である。

## 第5章　土の圧密　p. 75

◆章末問題（p. 91）

1. $e = 1.915$，$e_1 = 1.875$，$m_v = 1.79 \times 10^{-3}$ m$^2$/kN
2. $C_c = 0.963$　3. $p_1 = 83.4$ kN/m$^2$，$p_2 = 99.0$ kN/m$^2$，$S = 42.6$ cm　4. 0.446 m
5. （1）16.0 kN/m$^2$，（2）19.6 cm
6. （1）2.129，2.104，2.049，1.921，1.613，1.307，1.090，0.901，（2）$p_c = 68$ kN/m$^2$，$C_c = 1.03$，（3）土被り圧 $= 71.4$ kN/m$^2$，正規圧密粘土である。（4）式(5-11)からは 215 cm，式(5-12)からは 213 cm　7. 4937 d，6.5 cm　8. 上下面：1368 d，片面：5472 d　9. 2390 d

## 第6章　土の強さ　p. 93

◆章末問題（p. 110）

1. $s = 52$ kN/m$^2$，すべり破壊しない。2. 盛土築造直後：$s = 34$ kN/m$^2 < \tau$ となり，すべり破壊する。時間が経過後：$s = 63$ kN/m$^2 > \tau$ となり，破壊しない。
3. 61 kN/m$^2$，21°　4. $c_d = 57$ kN/m$^2$，$\phi_d = 11.5°$　5. 31.5°　6. $s = 29$ kN/m$^2$，$S_t = 3.2$

## 第7章　土圧　p 111

◆章末問題（p. 126）

1. $P_A = 150$ kN/m，$P_P = 624$ kN/m
2. $P_A = 163$ kN/m，$P_P = 766$ kN/m
3. $P_A = 178$ kN/m，$h_A = 2.29$ m
4. $P_A = 153$ kN/m，$P_P = 606$ kN/m
5. 142 kN/m

## 第8章　地盤の支持力　p. 127

◆章末問題（p. 142）

1. 200.7 kN/m$^2$　2. 137.4 kN/m$^2$

3. 660.2 kN/m$^2$(正方形)，637.0 kN/m$^2$(円形)

4. 495.1 kN

## 第9章　斜面の安定　p.143

◆章末問題（p. 156）

1. $F_s = 0.938$　2. $n_d = 1.0$ のとき斜面内破壊，$H_c = 8.33$ m　$n_d = 1.2$ のとき斜面先破壊，$H_c = 7.33$ m，$n_d = 1.5$ のとき底部破壊，$H_c = 6.78$ m　$n_d = 2.0$ のときの底部破壊，$H_c = 6.44$ m

3. 底部破壊，$F_s = 1.25$　4. $H_c = 9.18$ m，$H = 6.12$ m

5. 3.61 m　6. 7.80 m，32°　7. $F_s = 1.21$

8. 1.03

# 索引

●本書の関連データがwebサイトからダウンロードできます。
https://www.jikkyo.co.jp/download/ で
「土質力学概論」を検索してください。
提供データ：問題の詳解


■監修

京都大学名誉教授
岡二三生

京都大学教授
白土博通

京都大学教授
細田　尚

■編修

垣谷敦美
神谷政人
川窪秀樹
竹内一生
田中良典
中野　毅
西田秀行
橋本基宏
福山和夫
桝見　謙
森本浩行
山本竜哉
実教出版株式会社



表紙デザイン——エッジ・デザインオフィス
本文基本デザイン——田内　秀

写真提供・協力——アジア航測株式会社，株式会社フォーラムエイト，国土交通省関東地方整備局東京空港整備事務所，東京電機大学地盤工学研究室，東京都大島町，羽田再拡張D滑走路JV，宮城県土木部道路課，有限会社太田ジオリサーチ

First Stageシリーズ


# 土質力学概論


2016年 9月30日　初版第1刷発行
2024年 11月25日　　第5刷発行

©著作者　岡二三生　白土博通
細田　尚
ほか13名（別記）

●発行者　実教出版株式会社
代表者　小田良次
東京都千代田区五番町5

●印刷者　大日本法令印刷株式会社
代表者　田中達弥
長野市中御所3丁目6番地25号

●発行所　実教出版株式会社
〒102−8377 東京都千代田区五番町5
電話〈営　　業〉(03)3238−7765
〈企画開発〉(03)3238−7751
〈総　　務〉(03)3238−7700
https://www.jikkyo.co.jp/





ISBN978−4−407−33930−7　C3051